50 位建筑师的 50 栋灵感建筑

激发建筑师灵感的建筑物

合同登记号：
图字：11-2018-45号

图书在版编目（CIP）数据

50位建筑师的50栋灵感建筑 / 20世纪协会著 ；
丁颖译. -- 杭州 ：浙江人民美术出版社，2019.3
　　ISBN 978-7-5340-7281-9

　　Ⅰ．①5… Ⅱ．①20… ②丁… Ⅲ．①建筑设计—作品
集—世界 Ⅳ．①TU206

　　中国版本图书馆CIP数据核字（2019）第010039号

责任编辑　张嘉杭
责任校对　黄　静
责任印制　陈柏荣

50位建筑师的50栋灵感建筑

［英］20世纪协会　著

丁颖　译

出版发行：浙江人民美术出版社
地　　址：杭州市体育场路347号
网　　址：http://mss.zjcb.com
经　　销：全国各地新华书店
制　　版：杭州真凯文化艺术有限公司
印　　刷：浙江新华数码印务有限公司
开　　本：787mm×1092mm　1/12
印　　张：20
字　　数：120千字
版　　次：2019年3月第1版·第1次印刷
书　　号：ISBN 978-7-5340-7281-9
定　　价：200.00元
如发现印装质量问题，影响阅读，请与承印厂联系调换。

50 位建筑师的 50 栋灵感建筑

激发建筑师灵感的建筑物

［英］20 世纪协会　著

丁颖　译

浙江人民美术出版社

引言

激发建筑师灵感的建筑物

建筑师的想法从何而来？他们如何通过学习别人的建筑，让自己的作品变得更丰富、更满意？他们在各种充沛的资源中汲取营养，包括音乐、美术、数字和自然，当然，他们也会参观别人的建筑，无论是特意去朝拜还是做调查研究，或是每天都亲眼目睹。对于许多建筑师来说，他们会对某一座建筑记忆犹深，因为这对自己的设计产生的影响持久而深远。在本书中，他们将与这些伟大建筑的相遇情景娓娓道来，与这些建筑的相遇也因此改变了他们的人生轨迹。

本书的编辑帕米拉·巴克斯顿的工作着实令人羡慕，他带着50位英国本地最有趣的建筑师，参观了一些能最大程度激发他们灵感的建筑。最初受《建筑设计》杂志委托，帕米拉携摄影师加雷纳·加德纳和爱德华·泰勒记录下在旅行途中捕捉到的每次参观经历，并首次在这里汇集成册。他们鼓励我们透过建筑师的眼睛重新审视这些优秀的建筑，并了解给他们留下如此印象的原因。

"激发灵感"是什么意思？

"激发灵感"是个重要的措辞：参与者并非一定得选择自己最喜欢的建筑，或者选择"最好的"建筑——事实上，有时难以理解、有缺陷的建筑比完美的建筑更有启发性。激发灵感是一种敦促，一种触动，让人投入某事，尤其是有创造性的事情。一些参与者将他们选择的建筑描述为"深受感动"或感觉"像回家一样"——这是我们在谈论寻找灵魂伴侣时常用的类比。尽管他们完全可以把帕米拉带到哥特式教堂或巴洛克式的宫殿，但大多数人最远只追溯到20世纪初的建筑。20世纪初的建筑，尤其是现代主义建筑，似乎最能让当今的建筑师感到兴奋。

初次相遇

你还记得喜欢的第一座建筑是什么吗？也许在某个地方，发生过某段往事，泛起了情感的涟漪。我们最初的许多记忆都与这有关。建筑师们的理由各不相同，让我印象犹深。许多建筑师选择了很早就认识的建筑，还有些建筑师是在自己还是建筑系学生的时候，从建筑书籍或杂志上看到后再次前往探访，有的还在随后几年多次重游。但有些人的理由更不可思议，詹姆斯·索恩选择了利物浦剧场扩建楼。这座建筑名声不大，但他觉得这幢大楼相当于自己的传记。大楼的项目开始构思建造那一年，正好是詹姆斯母亲怀上他的年份。不仅如此，他的父亲还是大

楼的建造工程师，书桌上摆放着大楼的照片。詹姆斯回忆道："我甚至连建筑是什么都没弄清楚，它就进入了我的潜意识。它让我了解了现代建筑，而在此之前，我对它一无所知。"

另一位土生土长的利物浦人保罗·莫纳汉选择了利物浦的罗马天主教大教堂——"帕迪的小棚屋"，这是他欣赏的一座建筑，因为它受到公众由衷的喜爱。他上学期间，学校都在那里举行礼拜仪式。尼尔·麦克劳克林选择了"让我想成为一名建筑师的建筑"：ABK设计的都柏林三一学院图书馆。他回忆当初自己都已准备在大学主修英语专业，但参观完这座建筑后觉得它特别生动，受此影响，他改变原来的专业，主修建筑。

许多建筑师都热衷于旅行，年轻的建筑师经常到国外工作，有时要"一年外出实习"——建筑学本科毕业生往往在读研究生之前会花上一年或更长的时间在建筑师事务所上班，建筑学学习是段漫长的时间。这里被推选的许多建筑都是他们在这段时期内第一次看到的，一些建筑师甚至还与自己心目中的英雄有过私人接触。爱德华·琼斯与埃利尔·沙里宁的克莱恩布鲁克艺术学院初次相遇是去那儿上写生课，当时他在埃利尔的儿子埃罗的手下工作了一个夏天——这肯定会引起有趣的话题。克里斯·威廉姆森在纽约工作过一段时间，1980年，他前往洛杉矶参观埃姆斯家。走进花园，他发现蕾·埃姆斯竟然还住在那里。有的建筑师初次进入并见到这些建筑的方式很随意，甚至不按常理（有些从围栏缝隙中挤进去，或翻门而入）。但是另外一些建筑师的介绍却非常正式。迈克尔·科恩在英国委员会组织的一次考察之旅中去了新落成的海勒鲁普学校，该校校长亲自带领他们参观。有的建筑师独自前往，有的与同事一起参观，有的在教学之余以参观作为犒劳自己的奖赏，也有的为自己即将上马的项目进行考察。我真担心他们的家庭旅游行程会因此被压缩，能去地方只能存在于自己的心里，或只是刚看到的一张杂志照片。

重访

以上各种情形，我们感受到建筑对我们的影响，带着帕米拉和一位项目专属摄影师一起重访，都将是不同于以往的体验。许多参与者反映了这些差异，也思索自己和地方发生的变化。有些建筑在建筑师初次参观时还是崭新的；有些建筑的地位发生了转变，成为了历史建筑；有些建筑的用途依然如初；有些则改变了用途。建筑物或陈旧腐朽，或焕然一新。一些建筑师对过度修复深感不安，有些人则希望能清除面目全非的添加物，或者整理在他们看来多余的小细节。也许最

让人惊讶的要属乔恩·巴克和多米尼克·库林南，他们选择了从未去过的地方——莱斯特工程学院大楼。如果他们之前来过，这座大楼会赋予他们不同的启发吗？

建筑如何激发建筑师的灵感？

最棘手的问题来了，这些建筑究竟是如何启发那些选择它们的建筑师的？一些人直截了当：肖恩·格里菲思说"自己的建筑设计公司FAT的许多创意都是从卢斯的美国酒吧'窃取'而来的"，言辞非常直率。乔纳森·埃利斯·米勒逗趣地说道："就平面美学和空间安排方面，霍普金斯对我的影响连瞎子都能看得出。"这里有点自嘲的意味，但也有种内在的自信，为他的每件作品增色不少，也更富有创意。相比之下，托尼·弗里顿则坚持认为自己在工作中丝毫未受阿斯普朗德的影响。当然，建筑师和评论家对发生的事情都有不同的解读。有时我们离自己创造的东西过于接近，以至于无法从远处客观地看待它。

建立一座内心的图书馆

已故的建筑师乔纳森·伍尔夫在自己的一个项目中首次选择使用砖块建材，但类似被特地挑选出来单独研究的建筑屈指可数，为此他去参观了克瑞菲尔德别墅。蒂姆·罗纳德回到哥德堡法院时的想法颇合我意，"并非要直接复制他们的想法或形式，而是为了给我的抱负注入活力"。另一些建筑师则把一座特定的建筑称为"试金石""参考物""我们的偶像"或"起点"。任何形式的"借鉴"都可得以实现，只是时间上有先后而已。比巴·道说，目前在推选作品和自己作品之间只能"看到潜意识的类比"。玛丽·范·希谈到了一座建筑会"印刻在自己的内心地图上，保存在私人图书馆内，而自己却永远不知道它何时再现，也许等到它出现的一刹那才会明白"。

建筑师总是会被误认为是一群傲慢自大的人，但在这本书里，他们表露出渴望和脆弱。独立建筑师尼尔·麦克劳克林并未选择孤独天才的作品，他说起ABK建筑师事务所时，流露出羡慕三位志同道合的建筑师之间的友情。很多参与者选择的建筑都体现出与客户建立良好合作关系的重要性——有时候渴望中带着一丝嫉妒！

混杂的期望

在建筑师们的叙述中，我尤其喜欢他们强调现场参观是种特别的体验，与阅读书籍、观察照片，甚至看电影或数字模型完全不一样。有时候去实地探访反而会使我们的期望落空。我也发现，自认为通过照片已透彻了解一座建筑，结果它根本不在我预料的地址中，或者没想到它竟会如此"毫不起眼"，或者就像库林南和巴克说起"莱斯特学院工程大楼，是你可以亲近而不必感到敬畏的地方"。参观一座建筑可以让你沉浸于场所、声音和阴影的氛围中，触摸到模板纹粗糙的混凝土表面，微风穿过半掩的窗户，户外池塘的倒影映射在天花板上。通过参观，我们可以观察到人们在使用空间时的模式，比如他们喜欢坐的地方，他们行走的路线规划，居住的习惯以及感受建筑的方式。20世纪协会倡导的就是把真实存在的建筑保留在原地，因为我们永远无法完全捕捉到它们的美，当然也不可复制。这也是我们喜欢带人们去现场参观建筑的原因。和本书的建筑师一样，我们的一些协会成员是设计师或知识渊博的历史学家。当我们组团参观建筑时，尽管对有些人来说了解建筑的来龙去脉至关重要，但另外一些人只是想沉浸在紧张的氛围中，或者想象建筑的本质渗透到自己身上。而有些人则想要写生或摄影，或者像这些建筑师一样记录、理解或探索。期望和现实之间的巨大差异实在令人惊讶。

挑战我们的感知，确认期望中的喜悦，是参观伟大建筑的全部。我们希望您会喜欢"扶手椅上的游客"这个角色，与这些建筑师一起游遍各座建筑。也希望您能受到启发，说不定哪一天会亲自前往参观。

凯瑟琳·克罗夫特
20世纪协会理事

建筑师介绍

大卫·阿彻尔是阿彻尔-汉弗莱斯建筑师事务所的联合创始人。该事务所专注于酒店、餐厅、住宅和度假村的设计，著名的作品包括伦敦奇尔特恩火屋和大北方酒店，还为长期客户——餐饮业大鳄丘德威设计了客家山中式餐厅和布诗达泰式餐厅。

加妮·阿什是阿什-萨库拉建筑师事务所的联合创始人。她的设计作品遍及艺术、教育和住房等领域，主要项目包括鲁顿英国嘉年华艺术中心、锡尔弗敦的皮博迪住房和伦敦哈克尼的温室艺术中心。

彼得·巴伯自1989年开办事务所以来一直从事设计工作，专注于综合楼项目和住宅重建项目。在伦敦的主要项目包括：波尔区的多尼布鲁克小区、位于海特格林的流浪者住所——春园以及坎伯韦尔的就业学院。

1987年，**拉波·贝尼特和丹尼斯·贝尼特**夫妇在伦敦成立了贝尼特建筑师事务所，随后在1994年成立了爱丁堡分公司。自那以后，事务所业务稳步发展，跻身设计公司85强之列。项目包括斯特拉特福德皇家莎士比亚剧院的改造。

迈克尔·科恩出生在南非，分别在夸祖卢-纳塔尔和伦敦学习建筑学。1994年与辛迪·沃尔特斯成立了沃尔特斯-科恩建筑师事务所。通过研究和实践，他对教育类建筑设计与学习之间的联系有着浓厚的兴趣。

汤姆·科沃德是AOC建筑师事务所的建筑师兼主管。事务所设在伦敦东部，宗旨是设计出既美观又具有社会责任感的建筑。项目包括维尔康收藏中心的阅览室、伦敦南华克的斯帕中学以及伦敦南部的一个社区中心——绿地。

泰德·库里南是库里南工作室的创始人。他设计的建筑超过110座，包括位于埃格姆的预拌混凝土公司总部，该大楼为二级*历史保护建筑。还有位于西苏塞克斯的地貌和旷野露天博物馆。他获得过多项顶级奖项，包括2008年英国皇家建筑师学会颁发的金质奖。

2000年，**比巴·道和阿伦·琼斯**成立了道-琼斯建筑师事务所。他们的设计遍及私人、公共和商业领域，主要项目包括在卡迪夫的麦琪中心、伦敦斯皮塔佛德基督教堂的翻新以及花园博物馆。

乔纳森·艾利斯-米勒，伦敦建筑师兼教师，在1991年成立艾利斯-米勒建筑师事务所。他负责设计的项目知名度较高，包括伦敦金融城的曼塞尔街、奥克姆的卡特茅斯教育和社区校园以及剑桥的女子学院总部。

亚历克斯·伊利为Mæ建筑师事务所的创始人，建筑师兼规划师。除了各种住宅设计和城市规划，他还是《伦敦市长住房设计指南》的作者，并为建筑和建筑环境委员会的出版物写稿。

莎拉·费瑟斯通，建筑师，费瑟斯通-杨建筑师事务所的负责人。事务所的设计涉及住宅、社区、文化和教育部门等领域。她在中央圣马丁学院任教，也是一名公民信托奖评审员，同时还是几个地方当局的设计审查小组成员。

托尼·弗里顿从1982年开始从事建筑设计。他强调营造归属感，设计了一系列不同的文化建筑、公共场所、住宅和办公楼。重点项目包括英国驻华沙大使馆（2009）、切尔西的红房子（2001）和伦敦的利森画廊（1990）。

埃德加·冈萨雷斯，古巴人，是位于伦敦的布里萨克–冈萨雷斯事务所的联合创始人。主要项目包括哥德堡的世界文化博物馆、法国欧里亚克的多功能大厅和巴黎帕诺尔体育中心。在建项目包括在巴黎的一个1.8万平方米的综合体。

皮尔斯·高夫是一名建筑师、作家，也是奖项获得者CZWG建筑师事务所的创始人之一。他最著名的作品包括位于罗瑟希特的加拿大水上图书馆、伦敦东区麦尔安德路的格林桥、诺丁汉的麦琪癌症护理中心。

汤姆·格里夫和**哈纳·洛夫特斯**是位于科尔切斯特的HAT 项目事务所联合创始人。作品包括黑斯廷斯的杰伍德画廊、埃塞克斯郡的珀弗利特高屋艺术家工作室以及伦敦煤气公司艺术群楼。该事务所被英国皇家建筑师学会评为2014年度东部新锐建筑师。

肖恩·格里菲思是建筑工作室"时尚建筑品味（FAT）"的创始人之一。他的作品包括联合艺术家格雷森·佩里设计的埃塞克斯的房子和曼彻斯特的伊斯灵顿广场。他是伦敦威斯敏斯特大学的建筑学教授。

罗杰·霍金斯和**拉塞尔·布朗**于1988年成立了霍金斯–布朗建筑师事务所。作品遍及教育、住宅、交通、商业、文化和公共领域。项目包括英国横贯城铁三个停靠站、科比立方体市民中心和谢菲尔德的希尔公园重建项目。

格雷厄姆·霍沃斯是霍沃斯–汤普金森事务所的联合创始人。该事务所擅长文化、教育和住宅领域的设计。最近的项目包括位于巴特西的皇家艺术学院戴森大厦，以及伦敦国家剧院的修复工程。

斯蒂芬·霍德尔是曼彻斯特的霍德尔及其合伙人建筑师事务所的创始人，也是英国皇家建筑师协会的前任主席。1996年，他成为赫赫有名的首届斯特林奖获得者，获奖作品是索尔福德大学的百年纪念大楼。

西蒙·赫兹皮思是潘特–赫兹皮思建筑师事务所的联合创始人，拥有丰富的历史区域建筑经验，同时也擅长综合体、住宅和文化建筑的设计。他也是英国建筑与建筑环境委员会的成员之一、南华克设计审查小组成员和英国东南部设计委员会成员。

爱德华·琼斯与杰里米·迪克森是迪克森–琼斯建筑师事务所的联合创始人。他们设计了英国皇家歌剧院、国家肖像画廊，重新打造了伦敦展览大道。项目还包括国王十字街区的伦敦艺文中心和牛津大学赛德商学院。

亚当·可汗设计的公共建筑、社会住宅和私人住宅遍及英国内外。著名的项目包括丹麦住宅项目修复工程，造价达2200万英镑；设计竞赛获奖项目——兰开夏郡的布罗克霍尔斯游客中心，他还创建了漂浮在大型浮码头上的建筑群。

大卫·科恩是大卫·科恩建筑师事务所（DKA）的主任，他分别在剑桥大学和纽约哥伦比亚大学建筑系学习。DKA的作品包括伦敦之屋，即与艺术家菲奥娜·班纳共同设计的伦敦南岸的伊丽莎白女王大厅的船型屋顶。

朱利安·刘易斯是伊斯特建筑与城市设计事务所主任。他还是市长设计顾问小组的客座访问评论家，也是纽汉设计审查小组的成员。伊斯特重点关注与公共相关的项目，包括住宅、学校、社区建筑和公共空间。

M.J.朗，英国图书馆的建筑师科林·圣约翰·威尔逊的遗孀，也是威尔逊的前职业合伙人，目前是朗－肯特建筑师事务所的合伙人。该事务所擅长设计图书馆，同时也设计画廊、博物馆和工作室。从1973年起，M.J.朗在耶鲁大学建筑学院任教。

帕特里克·林奇于1998年在伦敦创立了林奇建筑师事务所。最近的作品包括在维多利亚街的国王门公寓楼、伦敦北部的国家青年剧院和威斯敏斯特的一座图书馆。在2012年威尼斯双年展上展出了为一位艺术家设计的度假屋——马什景观。

杰拉德·麦克康诺与**理查德·拉文顿**是麦克康诺－拉文顿建筑师事务所的联合创始人。事务所在英国和荷兰设有办公地点，已获得了42座建筑奖项，其中包括6项英国皇家建筑师协会国家奖和一项2008年斯特林奖（Stirling Prize），获奖建筑是剑桥大学的协和住宅区。

尼尔·麦克劳林在都柏林接受教育，1990年在伦敦成立自己的事务所。他的设计涉及各种建筑类型，最近获奖的项目包括牛津大学萨默维尔学院的爱德华国王大主教礼拜堂和学生公寓等。

保罗·莫纳汉是奥尔福德－郝尔－莫纳汉－莫里斯建筑师事务所（AHMM）的主任。主要项目包括英国广播公司电视中心总规划，位于白厅大街的伦敦警察厅总部——新苏格兰场。2015年，AHMM因伦敦旺兹沃斯的本特伍德学校设计荣获该年度斯特林奖。

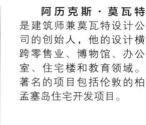

阿历克斯·莫瓦特是建筑师兼莫瓦特设计公司的创始人，他的设计横跨零售业、博物馆、办公室、住宅楼和教育领域。著名的项目包括伦敦的柏孟塞岛住宅开发项目。

埃里克·派瑞在1983年成立了埃里克·派瑞建筑师事务所，并将他的实践与教学结合在一起，尤其是在剑桥大学的教学。重点项目包括特拉法加广场圣马丁教堂的翻修工作、巴斯的霍尔本艺术博物馆的扩建。

格雷格·佩诺伊是佩诺伊和普莱塞得建筑师事务所的联合创始人和高级合伙人，在超过300个商业和公共部门的项目中扮演着重要的角色。重点项目包括位于斯特拉特福德的路德维希·古特曼健康中心和瑞士小屋特殊学校。

RCKa事务所由**蒂姆·瑞雷**、拉塞尔·柯蒂斯和迪特尔·克莱纳于2008年创立。事务所的宗旨是打造充满活力的，具有社会反应性，支持多种用途和活动的建筑和场所，鼓励社会互动和社区的凝聚力，并对建筑居住者产生积极意义。

理查德·罗杰斯是罗杰斯－斯特克－哈勃及其合伙人建筑师事务所的联合创始人。在长达50多年的职业生涯中，他和他的合伙人设计了许多建筑，包括伦敦蓬皮杜中心、伦敦劳埃德大厦、威尔士议会、千禧穹顶以及伦敦兰特荷大厦。

蒂姆·罗纳德是蒂姆·罗纳德建筑师事务所的创始人。该事务所擅长艺术类、教育类和公共类建筑设计，主要项目包括伦敦哈克尼帝国剧院和五金路洗浴中心的修复项目、伊夫弗勒科姆地标剧场的设计。

彼得·圣约翰是卡鲁索－圣约翰建筑师事务所的合伙人之一。该事务所在公共建筑工程、博物馆和画廊的设计上享有国际声誉，设计的作品有沃尔索耳新艺术画廊（2000）、泰特美术馆米尔班克项目（2014），并对斯德哥尔摩城市图书馆进行了翻新和扩建。

多米尼克·库里南和**乔恩·巴克**于1997年共同创办了库里南与巴克建筑师有限公司（SCABAL）。主要项目包括特鲁曼路屋村、集装箱改建的敦瑞文学校体育馆和斯皮塔菲尔德斯基督教会教堂托儿所。在建项目包括印度和伦敦的教育类建筑。

岛崎雄朗是位于伦敦的岛崎雄朗建筑师事务所（前岛崎－陶建筑师事务所）的主任。作品包括奥什屋、视力中心、可胜布卢姆斯伯里影院和莱斯特印刷所，以上每个项目都与原址的文脉、历史和材质感紧密相关。

詹姆斯·索恩是橙色项目事务所的联合创始人，这是一家研究型设计事务所，目前正从事英国大型住宅项目、印度的酒店和莫斯科的办公楼工作。他也是新成立的伦敦建筑学院的批判性实践系主任。

迈克尔·斯奎尔在1976年创立了斯奎尔及其合伙人建筑师事务所。项目涉及住宅、办公室和总规划，包括公寓项目"伦敦塔桥一号"和伦敦西区梅费尔的"克拉格梅费尔"、位于骑士桥的宝格丽酒店和住宅区以及象堡区艾利丰塔综合体。

2004年，**克里斯托弗·伊戈利特和大卫·韦斯特**创立了大卫-伊戈利特设计工作室。事务所作品遍及住宅、教育、文化、卫生、公共领域和综合领域。著名的项目包括伦敦南部的克拉珀姆图书馆和谢菲尔德的希尔公园地产项目的重建。

约翰·图米与希拉·奥唐纳是奥唐纳-图米建筑师事务所的联合创始人。该事务所设在都柏林，是2015年英国皇家金奖建筑奖得主。专业设计领域涵盖文化、社会和教育等方面的建筑，主要项目包括贝尔法斯特的抒情剧院。

汉斯·范德·海登是一名居住和工作在阿姆斯特丹的建筑师，也是《荷兰建筑年鉴》的编辑。他曾是剑桥大学可持续城市设计教授，并于1994至2014年间担任鹿特丹建筑师事务所biq的创始人兼创意总监，之后创办了自己的事务所。

1975年，**玛丽-何塞·范·希**在比利时根特创办了一家建筑工作室。她的获奖作品集中于公共建筑、私人住宅和城市发展，关注点是创造高质量生活的永恒建筑。她也经常授课，到处讲学。

基思·威廉姆斯是基思·威廉斯建筑师事务所的创始人兼主任。该事务所在博物馆、画廊、图书馆、音乐和表演艺术建筑方面有专长。最近的工作包括在坎特伯雷的马洛剧院，奇切斯特的诺维姆博物馆和爱尔兰的韦克斯福德国家歌剧院。

保罗·威廉姆斯是斯坦顿-威廉姆斯建筑师事务所主任，该事务所获得了2012年斯特林建筑奖。重点项目包括伦敦艺术大学的国王十字街区校区、康普顿维尔尼艺术画廊、塞恩斯伯里实验室和2012年伦敦奥运会伊顿庄园体育中心。

克里斯·威廉姆森是韦斯顿-威廉姆森及其合伙人建筑师及城市设计师事务所的创始合伙人。该事务所擅长交通运输方面的设计，设计了横贯城铁帕丁顿站和吉隆坡地铁。目前的工作包括横贯城铁二期工程的设计开发。

斯蒂芬·威瑟福德和威廉·曼恩是威瑟福德-沃特森-曼恩建筑师事务所的其中两位创始人，该事务所凭借沃特克郡的阿斯特利城堡废墟改造项目赢得2013年斯特林奖。其他项目包括国际特赦组织英国总部。

乔纳森·伍尔夫（1961—2015）于1991年创立了乔纳森·伍尔夫建筑师事务所。他一生完成的项目超过35个，包括伦敦多代居住住宅。其中最著名的是位于伦敦北部汉普斯特的获奖作品砖叶屋，以及在肯尼亚内罗毕的大乐之野别墅。

克莱尔·赖特是赖特夫妇建筑师事务所的合伙人，她于1994年与桑迪·赖特共同创立了该事务所。完工的设计包括伦敦妇女图书馆和赫尔查克剧院。在建的项目有牛津大学莫德林学院和圣约翰学院的两座新图书馆，以及伦敦的杰弗瑞博物馆的改造。

工作场所

埃里克·帕瑞在智利大楼前，智利大楼是一座砖砌建筑，由大约400万块煤渣砖砌筑而成。

智利大楼

地点：德国汉堡

建筑师：弗里茨·霍格尔及艺术家理查德·库奥尔

项目年份：1922—1924

推选人：埃里克·派瑞——埃里克·派瑞建筑师事务所

智利大楼捕捉到了德国文化史上极其重要的一个瞬间，那是表现主义的繁荣期。由于大楼建于第一次世界大战结束后不久，因而从中不难看出当时人们的乐观主义和复兴精神，哪怕那段时光甚为短暂。

我的青少年时光是在利物浦度过的，跟汉堡一样，利物浦也是一个了不起的港口城市。我的祖父是一名轮机员，曾为多家与远东有贸易往来的航运公司工作。那时候的利物浦码头排列着一艘艘船只，鳞次栉比，像一个个来自远方世界的信使，船头高昂耸立，在19世纪建造的高大城墙上投下了一大片阴影。这种至今还深深吸引着我的商业航海精神，在智利大楼上也有着深刻的体现。

同时代期刊《瓦尔马斯建筑月刊》曾在1924年刊登过大楼完工的消息，我曾读过该篇报道。而初次登门拜访还是在一趟公务旅行中，那次是专程去鲁尔观看彼得·拉茨的开创性景观作品。如今我对汉堡这个城市已了如指掌，并多次参观智利大楼。

智利大楼的设计师是弗里茨·霍格尔。霍格尔出身于建筑工匠世家，深受汉萨同盟砖砌传统影响。无论是宗教场所还是世俗建筑，都少不了朴实无华的砖块，一切非凡创造都以此为基础。智利大楼的设计不仅体现了这种接地气的传统，也在精神上与布鲁诺·陶特于1917年在《高山建筑》中提出的深奥晦涩的理想主义和同时期莱昂内尔·法宁格倡导的立体主义不谋而合。

如今智利大楼是一幢民宅，几十家公司在此办公。但设计初衷和康托尔斯大楼一脉相承，是幢集仓库、办公楼以及住宅区为一体的传统商业大楼。大楼底层配有中央庭院，公共通道和零售店面，多孔性的建筑促进了人口的流动，其实是幢具有城市功能的商业大楼。

智利大楼作为庞大的独立个体，其规模需要两个入口。这两个入口分别位于中央公共庭院的东西两侧。一条公共通道朝易北河码头倾斜，由北往南从楼下穿过。通道上有两扇承重砖拱门，每一扇拱门下竖立着6根巨型混凝土支柱。这些支柱及拱腹就工艺而言本身就是艺术品，同样被称为艺术品的还有大楼宅基四周亭子般宽大的门廊。门廊的装饰是建筑陶瓷，细节精美。

这些手工元素见证了霍格尔与雕塑大师理查德·库奥尔的密切合作。1880年，库奥尔出生于梅森并在那里长大，梅森是传统的德国陶瓷工艺中心。在德累斯顿求学之后，库奥尔追随弗里茨·舒马赫来到汉堡。当时的汉堡由于19世纪末霍乱流行而饱受诟病。舒马赫临危受命，担任汉堡城市总规划师，重建了这个商业城市。

把办公大楼设计成工作场所，提升城市形象这一想法深得我意。我认为智利大楼在很多层面上给人以启发——和其他伟大的城市建筑一样，这是对城市规划的高明回应。亨利·斯拉曼是大楼的主人，曾一度被认为对汉堡商业界前景投资过于大胆冒险，但很快大楼就成为这座城市最具象征意义的形象之一。

大楼的设计不仅展现了阳刚之美，同时也体现了呼应性。要在一个200米长的空地上建一座那么大规模的大楼，真的需要一定的勇气。作为当时欧洲最大的办公楼，光入口就有好几个，窗户多达2800多扇，然而整体看上去并不霸气。相反，大楼曲线形的墙体在泵房街和伯查德大街转角结合处达到最高点，看上去就像一个"船头"，成为其标志性形象。几乎在同一时期，德国建筑师密斯在柏林的弗里德里希高层办公楼方案中对玻璃也做了同样的处理。然而这一次我们坚定地站在汉萨同盟这一边，因为这样的建筑表达既清楚又独特。

霍格尔打造出一幢城市综合型大楼，这种设计非常务实也很理性，但就像博罗米尼设计的罗马圣飞利浦·那离礼拜堂那样，万物并非皆是对称——比如受城市现状限制，只能往高处建楼。霍格尔用城市术语来思考问题，认为大楼的中空广场应横跨城市通道，尽管这意味着贯穿大楼的通道就无法处于中心位置。

绘制480米长的立面图是一次大挑战，显然霍格尔做到了这一点，他通过不同的距离估测出大楼受到的影响。他还发明了统一的阶梯型檐口来帮助读取数据，调整大楼尺寸来应对新的周边都市规划。在大楼临街面有一些风格鲜明的细节，我们称之为"整体设计中的小插曲"，其中很多地方给人留下了深刻的印象，如沿着泵房街大楼外墙立面优美的弧线。

一旦这种建筑类型的结构逻辑建立起来，霍格尔就能凭其出众的才能打造其外立面。他对砖块的运用表明了这种设计非常巧妙，让人联想起巴塞罗那建筑师高迪的作品。每次我设计砖砌建筑，都发现自己被其过于普通单调的外立面弄得灰心丧气。我之所以推选这幢建筑物，部分原因是为了映射出当今时代建筑构造缺乏刚毅，建材使用老套路的现状，尤其是在汉堡。

砌砖工艺的结构非常容易理解。窗户上

方和下方的平直面板很简洁，在拱门上方显眼的区域中，面板呈现出丰富的砖编纹理。三角垂直立柱从双层挑高的底楼一直延伸到檐的下侧，外墙表面显得既结实又突出。为对应窗墙之间的比例，砖块排列依次每隔6层就有变化。艺术感和建筑往往在建造工程中被割裂开来，而艺术感总是等到建筑完工后才被人想起。但在这里，建筑师和艺术家进行了亲密的对话，他们联手产生的效果远胜于单独两方面加在一起。

如今的智利大楼还在按照设计初衷运行着。尽管大楼本质上为被动控制系统，但由于新颖的底层结构，它具有巧妙的服务分配体系。公用区域的内部装饰简洁而庄重，外观在未来几个世纪内也不会过时。就城市可持续性发展和美学角度而言，还没有多少当代建筑能同时满足这两个条件。

智利大楼的一端为船头形状，预示着楼主的商业贸易劈波斩浪，扬帆远航。

智利大楼的两座庭院之一。所有的立面都为线条砖。

砖墙建筑典范　智利大楼的建造者是航运业巨头亨利·B·斯拉曼，大楼之所以这样命名是因为他靠从智利进口硝石而发了大财。斯拉曼委托弗里茨·霍格尔为当时的汉堡新商业区设计一幢10层建筑，该商业区也是欧洲第一个办公专用区。

为了把两块不规则的建筑用地连接起来，霍格尔把大楼建在紧贴易北河的狭窄的费舍尔特街道上方。这幢巨型建筑有两座内庭院，分别位于该街道的两侧。大楼的一端在泵房街和伯查德大街两条街道交汇处呈现出尖锐的角度，让人联想成船头。整幢大楼为加强型混凝土框架结构，用了总计达400多万块深色煤渣砖，具有理查德·库奥尔的雕塑设计元素。

近一个世纪以来，大楼仍旧保留着原始的特征，包括半公开入口大厅。开在底层的零售商店及咖啡馆也吸引着更多的办公楼租户入驻。

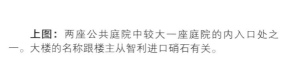

上图：两座公共庭院中较大一座庭院的内入口处之一。大楼的名称跟楼主从智利进口硝石有关。

右图：智利大楼的半公共入口大厅由釉面陶瓷排列而成，埃里克·派瑞对大楼"简单而高贵"的品质赞赏有加。

克里斯托弗·伊戈利特和大卫·韦斯特在关税同盟煤矿区，该区目前为各种后工业用途提供服务。

关税同盟煤矿工业建筑群

地点：德国埃森

建筑师：马丁·克莱默和弗里茨·舒普

项目时间：1927

推选人：克里斯托弗·伊戈利特和大卫·韦斯特（大卫–伊戈利特设计工作室）

大卫·韦斯特

关税同盟已成为我们向客户、社会及股东们解释后工业环境设计的经典方案。它并未因为重建而变得面目全非，相反，原生态的景观和景区内的讲解服务为可持续发展搭建了丰富的新平台。创造性的再利用之所以吸引我们，正是因为我们喜欢园区内的设置，它尽可能保持了原始的风貌，还与过去产生共鸣，探索出更多新用途，完善特定场所的设计。

在我们看来，关税同盟脱颖而出成为我们的首选建筑，不仅仅得益于自然风光及再造的野心，还有原始工业建筑的高品质。你可以明白为什么它被描述成世界上最美丽的煤矿。因为它的整体设计非常实用，砖块建筑、烟囱和运煤滑道规划严谨，然而建筑却显得很有趣，所以我们参观时都觉得这儿有点像个露天游乐场。

建筑与空间不同寻常的结合，使关税同盟变得非常出色，焕发出新的生命力。对任何建筑师来说这不啻为一种启迪，激励他们的建筑变得足够优秀，成为另一个经典。我们钦佩为关税同盟寻求另一个角色的雄心和承诺，因为它完全有可能成为超大规模的文化商业中心。这里的一切都很了不起，新旧建筑之间的对比既原始又强烈。关税同盟俨然已成为我们设计工作室的明星，还有一个关键原因是其后工业景观中原始的原生态环境。

整个改造没有做表面功夫也不过分讲究。在洗煤厂附近，原本能轻易删除的铁轨记忆被放大了，我们喜欢这种改建，因为它没有把原址拆得一干二净，而是保留了许多其坚毅和独特之处。所以建筑师们常常把事情弄得过于复杂，但这是一个简单的修复，其中还有一个明显的动作——建造直达新博物馆的巨型橙色自动扶梯。新元素的添加让人印象深刻，给矿区带来了活力，又不破坏对过去的叙述。

关税同盟一直是我们后工业景观设计的灵感来源，这些设计都有再创的需求。我们热衷于从一个地方的历史中提取故事，并展示它的层次。比如位于海耶斯的HMV旧址——旧乙烯基厂房改造工程。

许多开发商在打造自认为人们想要的东西时，都未专注于这个地方的差异化，而采取共有的平庸路线。商业区和办公室无来由地如此单调乏味。为什么这些地方不能成为启发人们灵感的工作场所？

项目再造确实需要时间。在关税同盟中，设计师们采取逐个增加的方式来扩展整体规划设计，包括就地取材，比如在焦化厂改建了一条500米长的冰道和一个游泳池。我们的设计意图就是"现用即有用"。这是慢火烹饪式的改变，尽管由于经济衰退和联合国教科文组织的限制，改造速度可能有所放缓。但改造之路漫漫，关税同盟的设计师们有着长远的打算。

克里斯托弗·伊戈利特

从业之初，这个项目便是我们的灵感之———废弃的后工业化遗址，通过城市设计、激发灵感的原生态景观、现代建筑和旧建筑的再利用这几方面相结合，创造出充满生机的休闲园区。

很多建筑师都从单个建筑物中获得灵感，但大卫和我都对自然与建筑整体结合的地方特别感兴趣。在每一个现场，我们都沉浸其中，寻找其独特性。

关税同盟关乎可持续性发展。在这里，工业用地正在成为一种文化景观，这证明了它可以很好地发展。这对我们来说很有启发，因为未来建筑发展最重要的一条就是适应性。

项目的改造的确与建筑师的自负背道而驰，它比重新设计要难得多。但是促进改造的催化剂是维持原状，而不是把过去抹得一干二净。保留了建筑、树、风景，就维系了这个地方的脉搏。关税同盟就是一个很好的例子，所有的空间除了福斯特设计的红点博物馆之外都未经美化，仍具有其原始的品质。项目改造期间想必有各种声音，既有人要拆除关税同盟，但也有人表达了维持原状的愿望。维持原状的观点最终得到采纳，如今的改造也取得了成功。

工业建筑的有趣之处在于，它的外形可以塑造成任何东西。就像制服一样，它是一种与功能而非时尚有关的审美。关税同盟具有戏剧张力但又和谐优雅。改造的方式是以保持昔日工业的灵魂作为当代新用途的创新的后盾。但由此也带来了风险，特别是在受限于联合国教科文组织世界遗产这个身份的情况下，它可能会成为一座"纪念丰碑"，而不是促进再造的契机。

粗犷的工业环境与自然环境两者结合，相得益彰。对我来说，把整体放在一起考虑就

前炼焦厂煤仓。关税同盟的许多工业建筑都经过艺术装饰，成了特殊的场地。

是其魅力所在。在我们自己的项目中，我们往往认为能真正体现整体规划精神的就是这些景观，包括道路、街道、广场等等。

当我们参观时，最令人惊叹的地方之一是炼焦厂车间，里面有一个个混凝土煤仓，就像巨型的母牛乳房。你甚至无法理解类似这种建筑存在的合理性，但就因为它的存在，整个空间变得更有特色。假如拆除所有的煤仓，效果就大打折扣了。

许多修复工程的下场最终都是推倒重建——就像都灵的菲亚特工厂，现在只是一个普通的购物中心。关税同盟与过去产生了共鸣，它只是需要融入更多的当代生活，但我认为这一天终会到来。

关税同盟 曾经是鲁尔区最大的煤矿区，如今被改建为一个综合开发项目。该煤矿位于埃森北部，占地100公顷，从1847至1986年一直运行，其中1961至1993年是焦煤厂。为了最大限度地提高生产力，这个多样化的场地设计合理，建筑物排列严格对称，结构为钢架，外墙为统一的红砖。

当初人们决定为关税同盟开发文化及商业用途，这些矿山建筑才免于被夷为平地。2003至2006年期间，大都会建筑师事务所的总体规划包括大厅和开放区域的翻新，以及最大的地面建筑——洗煤厂的改建。

2006年，一幢新设计的学院大楼在矿区边缘竣工，该大楼由SANAA建筑师事务所设计，如今福克旺学院在此办学。由福斯特及其合伙人建筑师事务所设计的红点设计博物馆原址为锅炉间。整个矿区是当地的休闲活动场所。2001年，关税同盟被列入联合国教科文组织世界遗产名录。

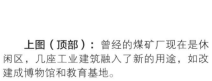

上图（顶部）：曾经的煤矿厂现在是休闲区，几座工业建筑融入了新的用途，如改建成博物馆和教育基地。

上图（底部）：20世纪20年代的众多红砖矿区建筑被认为是现代运动中涌现出来的经典建筑。

上图：新的景观保留了矿区的工业历史风貌，其中包括穿越整个矿区的铁路轨道。

HAT 项目事务所的汤姆·格里夫和哈纳·洛夫特斯在伦敦市中心的经济学人广场。

经济学人广场

地点：英国伦敦

建筑师：艾莉森·史密森和彼得·史密森夫妇

项目年份：1959—1964

推选人：汤姆·格里夫和哈纳·洛夫特斯（HAT 项目事务所）

汤姆·格里夫

我初次邂逅经济学人大楼还是在孩提时期，当时我匆匆穿过大楼广场，未曾驻足仔细欣赏。圣詹姆斯大街上多数建筑豪华而有质感，装饰令人震撼。路面干净得不可思议，闪着明亮的光泽；公共空间丰富而庄严，未经任何装饰和雕刻。这些都给我留下了至深的印象。

在寸土寸金的市中心，行人广场给人很奢侈的感觉。在这个完美空旷的空间内，没有店面，也没有拥挤的人群，让人心旷神怡。由于我的童年多是在乡下度过，所以尽管不了解空间环境的意义，但这种经历成了我对伦敦的印象之一。

最初纯粹的感官反应之后，又过了很长一段时间，直到我开始学习建筑，经济学人建筑裙楼才成为需要深入了解的地方。这座建筑虽然声名显赫，但我认为单从经验角度来看，它始终具备学习的价值。如果我在附近，总是会设法绕道穿过广场，而且也总能学到一些新的东西。

裙楼在城市景观中坐落的位置，以及行人在广场和街道的体验，都经过精心设计。史密森夫妇把三幢建筑物中最低的一幢安排在圣詹姆斯大街，这样它就不会与街道本身古板庄严的风格相冲突。最高的建筑与狭窄的小街毗邻，站在那里往上看，不清楚它究竟有多高。空间视觉体量理论认为，最雄伟的建筑应沿相对宽阔的街道，或者应该"占据街的角落"，其他建筑物则按体量级别排列。然而这里裙楼的设计反其道而行之，并且获得了很大的成功。

在地面，穿越公共空间是对台阶、大楼斜角和许多角落的愉悦探索。项目留出的公共空间极其宽敞。当然，关键在于切除了大楼的边边角角，使边缘变得柔和。要达到这点则少不了精心设计建筑物的比例与规模，以及人在其间穿行的路线。

开窗的层次安排也非常巧妙。史密森夫妇掌控着裙楼不同用途的基本节奏。经济学人塔楼内的房间为两扇飘窗，在银行塔楼上的房间飘窗的横向比例更宽。住宅楼内则是单扇窗，更多是纵向的飘窗。此外建材的质量和细节也令人啧啧称道，羡慕不已。

但我喜欢这裙楼的主要原因是，在如此敏感的地方设计建筑，无需感到惴惴不安。这是一座建于20世纪60年代的建筑，所处的位置是建筑风格极其固定的一个伦敦区域，许多注册的文物保护建筑物大名鼎鼎，这幢风格迥异的建筑厕身其中，却显得很协调。

50年过去了，由于传统文化的影响，我们仍然对在类似地方开展设计工作犹豫不决。史密森夫妇敢于在没有任何商业开发先例的地方付诸实现自己的想法，但我们似乎没有学到他们的自信。

史密森夫妇在建筑类型上的创造是激进的，大部分建筑类型只用过一回就被打入冷宫。所有项目中唯一反复使用的就是强调公共空间的重要性，夫妇俩在这点上简直和神一样伟大，它与风格或美学无关——只是个原则问题。

哈纳·洛夫特斯

我初次见到经济学人塔楼是在学生时期，那时我对史密森夫妇一无所知。塔楼以特别的方式给我留下了深刻的印象。他们创造了这个奇妙而不寻常的公共空间，它们之间是亲密的，但又奇怪地不为人知。整个建筑群占据城市一隅，与外界产生一定距离但不完全隐形。

史密森夫妇是正统的知识分子，大楼设计方案以复杂而微妙的城市发展理论为基础，同时对其历史及其周边建筑的意义进行回应。他们否决了多数人都想得到的做法，觉得自己可以做出一些没有任何明显参照物的东西。拥有这种气质的大楼处于周边建筑文物中间，显得极其和谐。

大楼间的广场既没有成为狭窄的小巷通道，也没有成为大型广场或是宏伟的景观，而是一个起伏的流动空间，指向分明，但也曲径通幽。这种休闲感十足，过渡流畅的空间颇受我们青睐。

史密森夫妇是理性的建筑师，同时也非常关注建筑细节的质量。他们考虑事情从不过度复杂。未经打磨封闭的石材显露出巴洛克式的华丽风格，建筑接头处采用深槽设计——尽管有其缺陷，但干净的线条、丰富的细节也不失为一种办法。

现在很少有项目能让实际体验传达出建筑师的理论倾向，但在广场地面设计上，我们能清楚地感受到史密森夫妇的意图。他们既考虑到大楼之间的空间特征，也未忽视建筑物本身中性的，甚至是普通的特质。这是对自己理念的尝试，这种理念在之后柏林和其他地方的设

计作品中大行其道，形成了表达这个时代的建筑语言，为"一个能控制其方向的认知社会"创造不同形式的城市空间。

虽然在某种程度上，广场空间由于保守又不张扬，显得很英式，但另一方面，它可能更偏向美式，是占据整个街区的纽约大型广场的缩小版。我赞赏这种不甘拾人牙慧的野心。

尽管经济学人裙楼被列入历史文物保护建筑名录，但它仍然不受建筑机构待见——受圣詹姆斯大街保护基金会委托，阿特金斯项目管理咨询公司2008年撰写了一份报告，报告建议用更"合适"的形式把它从名单上删除并进行再开发。

半个世纪过去了，经济学人项目仍在牵动着人们的神经。

银行大楼与其后面的经济学人塔楼。这两座大楼连同一幢较小的住宅楼组成了经济学人广场。

从经济学人塔楼穿过广场看到银行大楼的视角。广场流动性强，蜿蜒起伏，让汤姆·格里夫和哈纳·洛夫特斯特斯赞赏不已。

安静的颠覆　经济学人广场项目是艾莉森·史密森和彼得·史密森夫妇备受赞誉的作品。他们整个职业生涯毁誉参半，最早在亨斯坦顿学校的设计中崭露头角，后来却因罗宾汉花园的设计饱受诟病。该项目完成于其职业生涯较早期。

史密森夫妇受经济学人杂志社委托，在圣詹姆斯大街的中心地带为其设计新办公楼。他们一共设计了三幢混凝土框架建筑组合，由一个抬升的平台连接每幢大楼，平台上有个不规则的公共广场。中等规模的银行大楼坐落在最显眼的角落位置，在它后面是一幢最大的16层经济学人塔楼，一幢为布铎斯俱乐部修建的住宅楼位于整块建筑用地的后侧。每幢大楼都以罗奇波特兰石作为外墙的装饰材料，这些石头含有较高的化石含量。大楼外立面还被切除斜角，以软化与其他建筑物的关系。

整个建筑群于1988年被列为二级*历史保护建筑。

三座大楼中的两座。较高的塔楼为办公楼，较矮的则是住宅。

布里扎克–冈萨雷斯建筑事务所的埃德
加·冈萨雷斯在巴黎共产党总部大楼的主
会厅。

法国共产党总部

地点：法国巴黎

建筑师：奥斯卡·尼迈耶

项目年份：1967—1980

推选人：埃德加·冈萨雷斯（布里萨克-冈萨雷斯建筑事务所）

　　我出生在古巴，和大多数设法离开古巴的人一样，最不愿意去的地方就是和共产主义有瓜葛的场所。然而在奥斯卡·尼迈耶设计的法国共产党大楼里，我却对它产生了兴趣，当然是从建筑而非政治的视角。

　　我前后去过共产党大楼4次。第一次参观是在1985年，当时我在维琴察的安德烈亚·帕拉第奥建筑国际研究中心学习设计。由于接触了过多的帕拉第奥式建筑，所以想暂时离开这些意大利北部文艺复兴时期的建筑，转而去巴黎了解更当代的作品。我曾在讲述尼迈耶的书中看到过法国共产党的总部大楼，在那段时间里，还走访过他在柏林为国际住宅展览会设计的公寓楼——这简直是对勒·柯布西耶的马赛公寓的照搬全抄。在欧洲各大城市的历史中心，尤其是在巴黎，这种建筑类型的存在是种反常现象。

　　我最喜欢的是大楼遵循了传统的建筑价值观。这并不是说它有多机智圆滑，也不是为了向其他建筑致敬。大楼融合了有趣的结构解决方案，但主要的吸引力不在于此，而在于对空间的探寻——建筑应具有雕塑的特质，但同时不显得过于简单。

　　这座S形的大楼似乎挡住了巴黎密集的街头布局，在一旁的角落开辟出开阔的空间，可以俯瞰整个法比安上校广场。这是我认为它做得最好的一部分。大楼内部，穹顶与倾斜地面连接流畅，这两个几何图形之间有着很好的动态关系。办公楼好像在上空盘旋，显得很轻盈。在我们的设计工作中，建筑与地面的结合方式也很重要。

　　多数大楼为突显出大楼的高大宏伟，入口处楼梯通常向上设计，但这里的入口处楼梯不但简陋普通，还向下通往詹姆斯·邦德式的地下空间，最后到达主门厅。主门厅空间并没有传统意义上的壮观或美丽——没有自然光，自然也没有风景。但一旦习惯于此，就会觉得整个空间令人愉悦，建筑层次丰富。这是在没有自然光的情况下利用相关元素对空间的一次探索，这些元素包括不同寻常的起伏地板、反射镜面墙以及触觉感极强的现浇混凝土墙面。家具的设计也很棒，地板很"狂野"（你会离不开它），空间效果非常有趣。假设地板平整，地下空间将会很压抑，人也会因此变得狂躁不安。

　　通过尼迈耶的设计，我们可以看到许多现浇的施工工艺，包括平面圆柱，非常具有雕塑感。还可以看到漂亮的窗板细节，这种窗板的质地可以柔化混凝土的坚硬感，否则单一的混凝土材料会让人感觉有点乏味。我尤为喜欢衬有皮革垫的嵌入式浇筑家具。

　　主会议厅的天花板让人想起了时装设计师帕科·拉巴纳20世纪60年代设计的缀满金属片的球状体连衣裙。我们还会看到很多吊顶金属板，像20世纪70年代的机场。天花板由数百条经化学处理的金属条组成，用来改善音响和光照效果。

　　直到上个月再到现场时，我才注意到这些金属板让空间变得充满活力，足以让人忘记自己处在一个封闭的圆顶空间内。即便是人造灯光，实际效果也很好。

　　我一直喜欢这座大楼呈现出几种不同的气质。走出洞穴一般空旷、安全感十足的地下区域，往上走就到了办公室。办公室感觉很轻盈，也很吸引人，玻璃幕墙长长的两道边被瓷砖牢牢固定，正面单层玻璃都可以打开。再往上走到屋顶平台，这里的雕塑风格相当明显，与大楼的其他部分完全不同。平台区域被分割成几部分，光线可以透入到达顶层咖啡馆。

　　受此影响，我关注的是大楼应如何利用建筑风格在原地创造城市新空间。在卑尔根的国家艺术学院参赛作品中，我们对建筑物周围创造城市新空间的想法都有意或无意地受到尼迈耶作品的影响。

　　在法国南部城市圣马克西姆的一个文化中心的设计提案中，我们在原采石场的区域内绕着建筑物的外围建造了空间开放的绿洲花园。阿伯丁视觉艺术中心项目其实与尼迈耶的建筑也有联系，只是当初我未真正意识到。该中心建在梯田状的台阶下面，这种台阶设计确实比单是斜坡能创造出更多的屋顶公共空间。共产党总部大楼对瑞典哥德堡的世界文化博物馆产生了更直接的影响，在那里我们同样把表现力强的窗板设计用在楼梯和蘑菇状的大柱子上。

　　巴黎共产党总部大楼是一座错综复杂的雕塑建筑，同时也为城市核心区创造了开放的空间。它是我在巴黎会反复参观学习的两幢大楼之一，这可不仅仅是一句玩笑话。另一幢大楼是让·努维尔设计的卡地亚当代艺术基金会。尽管两者风格截然不同，但都利用了建筑来创造出独特的城市环境。

共产党总部大楼 20世纪60年代末，法国共产党当时享有很高的威望，奥斯卡·尼迈耶在巴黎为法国共产党设计了令人惊叹的总部大楼。

尼迈耶自己是一位共产党员，所以他未收取任何设计费用。参观者沿着一小段楼梯往下走，进入主门厅。门厅地面起伏，寓意为山坡，通向主会厅。主会厅的白色圆屋顶从大楼前的空地上鼓起。地面建筑为六层办公大楼，呈柔和波浪形，并安装了玻璃幕墙立面，工程师让·普鲁夫参与设计。从屋顶平台往下看，大楼前的空地上呈榔头和镰刀的形状。

目前大楼和原始家具大部分保存完好。共产党已不在所有楼层办公，顶层的咖啡馆已改为办公场所。

对页图： 地下室会议厅的白色圆顶与后面主办公大楼的光滑幕墙形成了鲜明的对比。

上图： 该建筑的地下一层有混凝土墙材质的走廊，包括停车场和会议室。

左图： 整个主会厅天花板上悬挂着几百片金属板，用来改善音响和光照效果。

上图： 地下会议室之一，墙壁混凝土裸露在外，顶上悬挂着传音板。

右图： 参观者下楼后进入主门厅，主门厅地面缓和起伏，让人联想到一个山坡。大部分尼迈耶设计的家具都被保留下来了。

乔纳森 · 艾利斯–米勒
在高技派建筑斯伦贝谢剑
桥研究中心前留影。

斯伦贝谢剑桥研究中心

地点：英国剑桥

建筑师：霍普金斯建筑师事务所

项目年份：1985—1992

推选人：乔纳森·艾利斯–米勒（艾利斯–米勒建筑师事务所）

我出生在剑桥郡的芬兰区，读大学期间，某天开车回家途经A–14公路时初次见到了这座建筑。当时就觉得这座建筑造型非常奇特，像一只趴在地上的大蜘蛛。

在地势平坦的芬兰区，它的出现是一件新奇的事，正如东英格利亚地区传统大教堂中出现的伊利大教堂。这是一种非常适合在高速路上欣赏的建筑类型——当你坐在以每小时70英里速度行驶的车上观看它时会心生触动，也会产生一种想法，觉得它既古怪又特别，具有鲜明的现代风格。但除了在高速路上看到它极具戏剧张力、转瞬即逝的外表之外，人们对它的兴趣是多层次的，包括它与整个景观的和谐程度，甚至还有玻璃花房中家具的细节。

当年研究中心落成时，人们普遍认为这是一件充满乐观主义精神的作品，因为它讲述了未来。直到现在，我认为它依旧如此。整座建筑强调的是研究和工业——作为一个展示让人心潮澎湃的技术舞台，它的确极富戏剧效果，而不是毫无个性，默默无名。我总觉得它就像罗杰·摩尔主演的詹姆斯·邦德电影中专为反派角色打造的伟大建筑。

初次看到斯伦贝谢时，我正在利物浦学习建筑设计。当时我对导师艾伦·布鲁克斯和戴夫·金教授的高技派建筑课程非常感兴趣。霍普金斯的设计自然引起了我的共鸣——不仅仅是斯伦贝谢，还有他在汉普斯特德早些年设计的那所房子。

我从未像霍普金斯设计斯伦贝谢那样表现出明显的高技派风格，但对我来说，它的吸引力并不在于风格，而在于建筑建造的方式和条理性，以及该项目如何满足建筑内部稍显奇特

的用途。高技派的外表与一流科学家在特定的环境中从事的研究活动是一脉相承的。

它是一幢真正的现代建筑，完全符合"形式追随功能"这一理念。但同时建造工艺非常高超，在对称性方面堪称经典。整个建筑的概念来自于建筑内部从事的研究。

每个建造元素都被考虑在内。这座建筑外形绝非稀奇古怪，但却营造出诗意般的美丽，特别是与周边风景的融合。人们走近时才会发现它伫立在眼前，与周围乡村环境产生了强烈的对比，这种体验很有戏剧性。人们从远处匆匆一瞥，看到的只是轮廓，只有走近时才识得其庐山真面目。周围是田园牧歌式的草地，绵羊成群，这样的环境让它仿佛置身于世外桃源。

平面美学对我来说至关重要，这个平面漂亮清晰，而且很实用。建筑师利用理论和实践结合的方法来解决构架的卫生和安全问题，真是令人着迷。

整座建筑分成三部分。建筑中心的张力结构主要包括公共区域和主要研究设施。在中心地带的两侧各有一个侧馆，馆内有多间小办公室，既可看到不同的实验室，也可看到内侧的超大空间。

研究中心的公共入口位于南端，服务入口在北端。建筑又细分为五座独立馆，每个部门通过不同的建筑结构来表达。为了鼓励建筑间的横向交流，各部门的十字路口标号都经过深思熟虑。建筑师的设计意图是加强用户之间的互动，可以随时召开非正式会议。

这是霍普金斯事务所设计的最后一座轻材质建筑。就像汉普斯特德的霍普金斯之家，尽

管是廉价的工业材料混合体，却以精确的方式结合在一起。材料的使用也不铺张浪费。例如覆面是一种廉价的波纹材料，其外形可以避免屋顶漏雨或修复漏雨产生的费用。综合来看，整幢建筑非常经济。

整座建筑的设计非常严谨，细节丰富，长、宽、高的比例极其协调，甚至连地砖铺设也符合玻璃花房本身的构造。要真正达到欣赏建筑物的目的，首先得学会欣赏它的结构，还要了解该结构的作用以及细节的展现。

斯伦贝谢是经得起时间考验的，至今依然保持着新鲜感——这是一种永恒的现代感。令人惊讶的是，尽管其研究项目像流水宴席一样变化，大部分内部结构还是维持原样。而且随着太阳能技术的创新，这种轻型结构的建造将变得更有可能。

与塞恩斯伯里中心（见本书94—97页）、PA科学技术中心、蓬皮杜中心和劳埃德大楼一样，斯伦贝谢也是为数不多的高技派经典建筑之一。但是在我看来，继斯伦贝谢之后，霍普金斯事务所设计的作品就大不如前。在后来设计的研究中心入口建筑（1992）中，霍普金斯一反建造第一座建筑时的理念，转为不同的设计领域，结果却失去了原有建筑带来的诗歌般的意境。

回来参观的时候，我觉得它是如此令人着迷，整座建筑就其平面美学和空间安排方面对我们事务所的影响连瞎子都能"看"得出，尽管这影响藏于潜意识中。我的导师约翰·温特曾经在建筑联盟学院给迈克尔·霍普金斯上过课，所以我们不可避免地会有一种非常实用的感觉——这类建筑就是这样的。这点在我们给

奥克姆的卡特茅斯学院设计中表现得尤为清
晰。和斯伦贝谢一样，学院的中轴建筑承担
其社会和实用功能，两侧各有一个侧馆，里
面有多间教室，教室空间超大。主中庭空间
上方架设一座桥，就像斯伦贝谢试验大厅远
端的一座桥。

斯伦贝谢绝对属于出类拔萃的建筑——尽
管看上去很有趣，但毫无疑问它是出色的，很

有可能和劳埃德大楼一样，是现代建筑中最重
要的作品之一。

高技派建筑先锋　1983年，霍普金斯建筑事务所赢得了为斯伦贝谢石油钻探部门设计实验测试设施项目的竞赛。研究中心地址位于剑桥的西郊，维多利亚时代这里曾是垃圾场。斯伦贝谢想要一幢能体现技术，并为高技派发声的建筑。除了提供自然光之外，测试大厅上方的轻质屋顶还有另一个重要的实用功能——在发生爆炸的极端情况下，它会在窗户爆炸前先裂开，这样会比碎玻璃造成的损害更小。

该建筑于1985年竣工。参观者首先进入玻璃花房，这里兼作员工餐厅。经过花房，来到试验大厅，两侧各有实验室，办公室装有全高度玻璃移门，可以最大限度地看到芬兰区的景色。室内的门把手、通风罩、实验室架子上都涂有红色以示强调。

第二座规模较小的建筑也由霍普金斯事务所设计，于1992年竣工。两座建筑共有140名员工。

右上图： 轻钢结构，通过一系列支撑拉伸屋顶的桅杆进行充分表达。

左上图： 桅杆结构的细节。该建筑的高技派风格是为了强调其研究和技术功能。

霍沃斯–汤普金森事务所的格雷厄姆·霍沃斯在他认为"精神为之一振"的欧科照明技术中心外。

欧科照明技术中心

地点：德国吕登沙伊德

建筑师：乌伟·克斯勒

项目年份：1985—1988

推选人：格雷厄姆·霍沃斯（霍沃斯–汤普金森事务所）

我初次见到欧科照明技术中心是在20世纪80年代末，当时我正在德国的一次公路旅行中。那时大楼刚落成不久。从那以后，它就一直在我脑海中萦绕。直到最近，我们事务所为位于伦敦南部巴特西的英国皇家艺术学院设计戴森大厦时，它又成为我关注的对象。

欧科照明技术中心是衡量戴森大厦设计成功与否的试金石。我们把后者看作一个生产场所——一座艺术工厂。詹姆斯·戴森的积极参与和他在创新上的大力投资，让我理解建筑的价值就是为他人的创造性工作提供周到的支持。欧科照明技术中心正是证实了这种方法的可行性。

当代建筑的设计大多侧重于形式。我想要展示的建筑能优先考虑一些容易被忽视的问题，如功能、技术、生态和可持续性。实用性和功能性听起来单调乏味，但欧科照明技术中心并非如此，它很真实，让你重拾对现代主义风格的信仰。然而，人们总是害怕做这种其实很简单的事情。

该项目客户克劳斯·尤尔根·马克是欧科照明公司的老板，他想要一幢按他的话来说可以为"所有工程师提供一切"的场所——大楼既结实又灵活，变通性强，但同时不乏舒适和优雅——能鼓励人与人之间的沟通，使他们以最佳的状态投入工作。

马克有意用当代的方式扩建欧科在20世纪60年代建造的总部。他对技术中心的要求是一幢能体现平等主义，没有等级划分概念，打破管理层和员工之间界限的建筑。

马克的手下有众多顶级平面设计师和工业设计师，包括奥托·艾舍在内。对于克斯勒来说，能与这样一位开明的客户合作，无疑是一份完美的工作。他们之间的合作非常密切，当需要确定楼梯栏杆的尺寸时，他俩会来到树林，捡起地下的木头一块块试用。

双方合作的结果清楚地展现了技术中心的设计建造过程。出于对建造工艺的理解，他们似乎把每一个组件都手工安装并拴接在恰当的地方。这也是我们一直要传达给自己作品的东西。

当英国人对高科技的态度逐渐向精雕细琢和过度修饰的方向发展时，克斯勒在这座建筑中向我们展示了一些与众不同的东西——相比之下它既原始又未经修饰，在建造过程中技术要求高，毫无妥协的余地，但却很人性化。

克斯勒利用区域处理和视觉连接，设计出错层和双层高度的空间，使空间变得宽敞，达到设计的目的。他没有把灵活的工作场所变成毫无特色的通用空间，而是为其提供了具体而复杂的空间和部门安排。

大楼的运行方式通过外立面也有清晰的展现：横向的遮光栅格装在倾斜的玻璃上，朝南立面上的外部装有遮阳百叶窗，大型的移动吊杆、台架和滑动梯可以到达大楼外层每一个需要定期清理的角落。整幢大楼外形保持良好，原因可能在于其水平波纹铝外墙，看起来非常漂亮，完好如初。

一进入塔楼下的中央大厅，可明显感到空间的流动，人们能看到其他空间中不同的活动。尽管每个空间都有具体的功能，但可随时发生改变。

克斯勒还强调大楼不完美的一面。几层楼高的桥廊把大楼与20世纪60年代建造的旧楼连接在一起。因为彼此楼层并不对齐，所以桥廊有一定的坡度，进入两幢大楼的角度也不直。在其他地方，大楼的元素和外形也发生着类似的碰撞、折叠或一端逐渐变细。

大楼建在陡峭的坡地上，但它自然地融入其中，并没有显得很突兀。中心塔楼把整幢大楼分成两座不同的并列翼楼，与周围环境产生了特定的关系。一个大型停车场通过坡度和通道规划巧妙地隐藏其中。

我把克斯勒的设计方法描述为"生态设计"，即"关注有机体与环境内在关系的科学分支"。因此，建造技术的要求不仅反映在人类尺度上，还体现在与自然和谐相处中。

大楼并未真正触及到景观设计——这是由于设计师借助原有的元素加上石头或混凝土坡度来打造景观。如今这里到处都是常春藤和五叶爬山虎，郁郁葱葱，非常漂亮。透过主模具车间和设计工作室一边的玻璃窗，还可以看到周围怡人的乡村景色。克斯勒还在新旧大楼之间打造了一系列枝繁叶茂的庭院空间。

大楼主入口。格雷厄姆·霍沃斯欣赏这幢建筑简单而优雅的实用性和功能性。

在玻璃大厅之间往上看还能见到东西两侧翼楼上的平屋顶，屋顶种满了绿色植物，这在当时还是首创。

公司园林式的庭院设计得很贴近自然。

每当走进欧科照明技术中心，我就感觉精神为之一振——开放性的空间，充足的光线，即使像今天这样的阴天也是如此，清爽、干净、通透，真希望设计出这幢楼的建筑师是我自己。

技术的精确性 欧科照明技术中心对建筑师乌伟·克斯勒（1937）的设计要求就是要打造一幢能够传达公司文化的建筑。这幢位于德国吕登沙伊德的照明公司总部于1988年竣工，高度透明和强调功能的建筑体现了严谨的企业身份，这种身份甚至影响到全球分公司装饰花卉的类型和颜色。

大楼建造的宗旨是将公司的非生产性部门合并到一幢特殊的建筑中，腾出空间改为生产区域，扩大生产规模。这些非生产性部门包括工具制造、光度测定和电气等各类实验室，以及设计和营销部门。所以该大楼是一座扩建楼，旧楼为20世纪60年代建造的宽度达100米的大型生产部门，已有的行政楼三层把新旧大楼连接起来。之后欧科又进一步扩建了这幢综合性大楼。公司现有员工800名。

左图： 透过宽敞的办公室窗户可以看到技术综合性大楼和周围的景观。

右图： 主模具车间后方的螺旋式逃生楼梯细节。

教育类建筑

克莱尔·赖特在查尔斯·雷尼·麦金托什的杰作——格拉斯哥艺术学院图书馆内。

格拉斯哥艺术学院

地点：英国格拉斯哥

建筑师：查尔斯·雷尼·麦金托什

项目年份：1896—1909

推选人：克莱尔·赖特（赖特夫妇建筑师事务所）

我与格拉斯哥艺术学院多次在人生的不同阶段相遇——从十几岁的懵懂小孩到学院建筑系学生，再到后来做了学院的校外考官，每个阶段我都深受其影响。随着生活阅历的丰富，想法也自然会有所不同。这是一幢可以从很多层面上解读的复杂建筑。

第一次接触麦金托什大楼是在12岁那年，我去学院上美术课。这是一段使我逐渐长大成熟的经历。那时家里正遭遇一些变故，我独自去那儿报了美术班学习美术。这可不是一件小事，因为我来自学术氛围非常浓厚的家庭，艺术从未被列入学习议程。记得我当时一走进这座大楼就深受感动与鼓舞，尽管这样的感觉可能大家都有。我认为伟大的艺术作品常常以原始的方式触动我们的潜意识——一个梦幻世界。这座建筑确实让我兴奋，给我愉悦感。在这里，创造力得到了认可，真实的自己出现在我面前。对我来说，这是一个远离无聊学校的个人世界，一个真正让我有归属感的世界。

除了画画，我们还常常在大楼里玩耍——那是星期六的早晨，整幢大楼除了我们空无一人。我们常玩一个游戏——看谁能从东边的楼梯下来，但是不能走楼梯，只能靠扭动身子穿过中央墙壁上的洞。在屋顶层画廊作画时，为使大楼的悬臂梁反弹，我们常常沿着画廊蹦蹦跳跳。在跳起的刹那，总被眼前的格拉斯哥全景所震慑。我对这幢建筑是带有强烈感情的，多年以后我也意识到，任何未经专业训练的人都能欣赏建筑，感知建筑的世界，包括孩子。

从很多方面来说，它都堪称一幢了不起的大楼。尽管外形复杂，但构造细节很简单。大楼本身结实牢固，它所传达的寓意也是积极

向上的。在当代，为他人的创造力提供场所的空间往往是中性的，如白色的画廊和黑色的礼堂。而麦金托什大楼既不太过矫揉造作也不咄咄逼人，它只是通过自身强大的魅力来激发人们的创造力。哪怕青少年的涂鸦捣乱100年，大楼也不轻易受损。

16岁那年，我进校学习建筑学，在那儿结识了桑迪·赖特。桑迪后来成了我的丈夫，也是我们事务所的合伙人之一。我们幸运地得到了安迪·麦克米伦和伊西·梅茨斯泰恩的指导，并倾听他们对大楼的见解，也因而有了近距离接触大楼的机会。

如今我以成熟的建筑师身份再次回到母校参观大楼。尽管大楼整个平面设计并不简单，但是理性的平面图加上丰富的剖面结构正是我所欣赏的。入口刚好在正立面的中间，大楼两边都有朝北的工作室，但窗户数量不对称。主要空间安排在中间以及东西两端，但每个部分的空间都各不相同。

大楼空间序列非常之多，每个阶段都有主题回应。麦金托什花了很多心思对过渡和边界做了大量的处理，这也是我们在设计中关注的问题。

和柯布西耶和阿尔托最好的作品一样，最打动我的是大楼人性化的设计——它的触感和惊人的细节。除了门上的彩色玻璃和楼梯上的瓷砖等少量色彩做点缀之外，所有的东西都是黑白两色。每一样添加的东西都是独一无二的——瓷砖有点模糊，贴得也不太直。形式和色彩有微妙的重复——总之非常有趣味。

设计师对光线的掌控绝对驾轻就熟。我喜欢黑暗空间——特别是走进大楼的白色房间

时，强烈的对比使房间变得富丽堂皇。所有的工作室都配有窗户，无论是朝北还是地下室，或者是北窗及屋顶天窗，光线极佳。

麦金托什在处理材料方面也表现出同样的技巧，他对材料的运用简直就像在做游戏，把它们一个个变成能引起共鸣的抽象概念。

图书馆是我最喜欢的地方。学生时代，我一度在那里度过夏日的每个夜晚，享受着宁静的时光。它是世界上最美好的地方之一——在西边的暮色中，我手里拿着烟卷，一页一页地翻看着建筑期刊合订本寻找灵感。那是多么幸运的一件事！可惜现在它已经不对学生开放了。

图书馆就像一座楼中楼，这里有最惊人的空间分层，所以说不出边缘在哪里。走进凸窗，并未让人感觉踩在悬崖边，随时都要掉下去，而是随着空间螺旋上升，出乎意料地爬上另外一层楼。

麦金托什对装饰木细节设计得也很精致，他会让人觉得自己看到的不是堆砌在一起的木头，而是各种形状、运动、曲线、立体和空间。当他开始在立柱上一点一点精雕细刻，并配以不同的颜色，你会觉得他简直就是在玩设计游戏。

图书馆的西侧立面是件设计杰作，就像贝多芬的交响乐一样雄壮有力。楼顶的小窗口作为断音音符，图书馆的三扇长窗是低音音符，窗的边缘是优美的砖石结构卷层，卷层向边缘扩散，逐渐变细，结果却又折回，重新出现在大楼正面。大楼向街道延伸，在门口形成平台，内外部构造在此融合，乐章就此终结。人经过平台，好像是从坡度为1：4的山丘上下来。

因为我们事务所的所有成员都曾在艺术学院就读，所以很难说究竟受到麦金托什的影响有多大。当然，我们的设计与他有千丝万缕的联系，我们的建筑在平面设计中往往会体现出理性，而剖面设计则非常丰富。光线和材料的运用则遵循其本质。此外我们还喜欢在压缩和扩展之间，在光明与黑暗之间展开对比，对空间的设计界限也很模糊。

我喜欢用黑暗的色调。在妇女图书馆和赫尔查克剧院的设计中就运用了这点。这两幢建筑用的是粗糙和现成的材料，被有意识地设计成黑暗的建筑，从外表看就像黑色的盒子——黑上加黑。

麦金托什大楼总有一种能让我重新焕发精神的魅力，我知道它对别人也是如此。对于建筑师来说，最大的成就也许就是建造具有这种魔力的建筑。

图书馆——克莱尔·赖特在格拉斯哥艺术学院最喜欢的地方。里面的吊灯很独特，装饰木细节丰富。

大楼的主入口处。建筑设计风格兼容并蓄，受到了包括苏格兰男爵城堡建筑和新艺术运动在内的影响。

麦金托什的杰作　格拉斯哥艺术学院是查尔斯·雷尼·麦金托什的第一个也是最重要的一个委托设计项目。1896年，在格拉斯哥赫尼曼-科佩尔建筑师事务所任职期间，他在该项目设计竞赛中拔得头筹。大楼于1909年竣工，成为新艺术运动的代表作。丰富而兼收并蓄的内部装饰，包括具有标识性的三层高开窗的图书馆，是与他的妻子——设计师玛格丽特·麦克唐纳合作的成果。2014年大楼遭遇大火，损坏严重。火灾之前，克莱尔曾参观过这幢建筑。目前大楼正在修复中。该大楼为苏格兰A类历史保护建筑。

地下工作室。大楼内所有的工作室都拥有北窗或屋顶天窗，光线极佳。

仰望图书馆内三层高的玻璃窗视角。左边为装饰木槽口细节，贯穿在图书馆的整个空间内部。

克莱恩布鲁克校园绕
湖而建，高大的门廊伫立
在湖泊前。爱德华·琼斯
对整体设计中慷慨地运用
空间尤为赞赏。

克莱恩布鲁克艺术学院

地点：美国密歇根州底特律附近

建筑师：埃利尔·沙里宁

项目年份：1928—1942

推选人：爱德华·琼斯（迪克森·琼斯建筑师事务所）

沙里宁父子俩（父亲埃利尔和儿子埃罗）和克莱恩布鲁克始终在我作为建筑师的回忆中占有一席之地。第一次接触他们的作品是在1957年底特律的通用汽车技术中心，该中心由埃罗·沙里宁设计，是展示汽车款式的凡尔赛宫。

之后在1961年，我曾在塞萨尔·佩里的指导下为埃罗工作了一个漫长的夏天，项目是林肯艺术中心的轮演剧目剧院。就在那个期间，我在伍德沃得大街尽头发现了这所学院，并在那里上夜校学习写生。大街附近每天上演着疯狂的飙车，霍恩克音乐酒吧不时传出热闹的音乐声，这一切恰恰与给人以灵感的学院形成了鲜明的对比。大街上的酒吧正是黑人灵歌音乐"摩城之音"的发源地（听起来也非常悦耳）。

在克莱恩布鲁克，另一种强烈的对比来自埃利尔·萨里宁的建筑风格。与他儿子的"工作即风格"不同的是，埃利尔的建筑是保守的现代古典主义。学院于1942年落成，有趣的是当时世上一些不那么和善的政权也正对这种类似的建筑风格抱有极大的热情。学院尽管是私人出资，但也受到富兰克林·D·罗斯福新政的影响。

1928年，克莱恩布鲁克的创始人、底特律报业巨头乔治·布斯委托埃利尔·沙里宁设计艺术学院，并于1932年任命他为学院院长。埃利尔得以全权负责并实现自己的想法。整个校园的焦点是开放的门廊，门廊两侧是图书馆和博物馆，对面是一个长方形湖泊。湖泊是为整体校园而特地设计的大型项目，两边为工作室和师生员工住宅区，包括沙里宁精心设计的自家住宅和花园。这一安排与弗吉尼亚大学没有什么不同，只是把托马斯·杰斐逊的大草坪改成了湖泊。

克莱恩布鲁克是个充满荣耀的地方，但给人一种什么样的灵感呢？可以说当时学院有众多古典主义的痕迹：卡尔·米尔勒斯的雕塑在喷泉中翩翩起舞，既迷人又可爱；而体现后期青年风格艺术和工艺的总体设计却从来都不是我的所好。其实把它称为"灵感建筑"，其原因就是它使伟大的想法得以实现。多数时候许多出发点良好的总体规划总得不到认同而遭到否决。但在克莱恩布鲁克，埃利尔在项目起步阶段就担任设计师，因此他可以通过清晰的城市等级结构及建材区分随时监控建造效果，他把砖砌结构用在学生住宅中，而图书馆和博物馆等学术性建筑用的是石头。此外，阶梯式湖泊一带的景观也是激发灵感的一大砝码，站在门廊，遥望神秘莫测的南方，令人浮想联翩。

曾有人把克莱恩布鲁克比作美国的包豪斯，而拉斐尔·莫尼欧认为这比喻有点夸张。然而就在这里，查尔斯·埃姆斯和埃罗·沙里宁合作设计出早期的胶合板面椅子。弗洛伦斯·诺尔、哈里·伯托亚和福米彦·马克都是杰出的校友。这种精耕细作没有受到所处大都会中心的影响而能蓬勃发展，真可算得上是美国奇迹。

20年后的20世纪80年代中期，我重返克莱恩布鲁克，当时我正在设计多伦多郊区的米西索加公民中心。克莱恩布鲁克的规模化设计和对空间的慷慨运用，让我对这次尝试信心十足。对底特律的衰败和没落我早有耳闻，但到了那里却惊喜地发现克莱恩布鲁克依然生机勃勃。2010年，我还参观了由学院委托新一代建筑师设计的扩建作品。在学院每增加一个项目，就意味着沙里宁为乔治·布斯最初的设计增添一分丰富性。把它与包豪斯做对比或许并不夸张。

创意校园 作为克莱恩布鲁克教育社区的组成部分，克莱恩布鲁克艺术学院由底特律报业大亨、慈善家乔治·高夫·布斯创办。他雇佣了芬兰籍建筑师埃利尔·沙里宁来全面负责校园的建筑和景观设计建造（1925—1941），并在1932年任命他为学院院长。

校园作为创意灵感的发源地，是规模较小的建筑群，设计紧凑，置于风景如画的公园中。砖石结构的建筑，体现了工艺美术运动中倡导的精美细节。唯一例外的是沙里宁在克莱恩布鲁克的最后的主要作品——艺术博物馆和图书馆，建筑组合更稀疏，设计更倾向于抽象古典主义。

最近，由拉斐尔·莫尼欧、斯蒂文·霍尔、托德·威廉姆斯、钱以佳和皮特·罗斯设计的建筑也陆陆续续在校园中出现。

乔恩·巴克（左）和
多米尼克·库林南（右）在
莱斯特大学工程学院大楼。

莱斯特大学工程学院

地点：英国莱斯特
建筑师：斯特林–高恩建筑师事务所
项目年份：1959—1963
推选人：乔恩·巴克和多米尼克·库里南（SCABAL建筑师事务所）

乔恩·巴克

我毕业于南岸大学。大学的课业总是很繁重，课堂上，一幅幅建筑图幻灯片一闪而过，然后老师让我们判断喜欢哪一座建筑。我从未想过内在功能会对外在形式产生如此巨大的影响，直到我看到莱斯特工程学院大楼主礼堂的幻灯片。

19岁那年，詹姆斯·斯特林是我最喜欢的建筑师，主要原因就是那座礼堂。斯特林的作品总是很难理解，这也是吸引我的地方，这就像我迷网球运动员约翰·麦肯罗而不是比约恩·伯格那样不可思议。20世纪80年代的建筑学院中，你不是选择后现代主义路线，就是追随理查德·迈耶、理查德·罗杰斯和高技派。但斯特林既是现代主义者，也是后现代主义者，我有时讨厌他的设计，但有时又深受吸引，被弄得欲罢不能。真希望自己也能够创造出一些难以理解并且有冲突的作品。

虽然我通过大楼礼堂初识这幢楼，但后来看到车间的三角玻璃窗屋顶照片，我才意识到大楼有很多方面值得去探索，表现出来的冲突也不仅限于礼堂——这是大楼最出名的地方。整座建筑的确感觉非常英式——突出实用。

与同为斯特林设计的斯图加特州立绘画馆不同，莱斯特大学工程学院并未让我失望。尽管它存在缺陷，却很壮观。我很高兴看到建筑师们对细节不那么吹毛求疵，我很喜欢粉色的楼梯扶手，虽然可能和赤褐色陶砖不匹配，但与混凝土楼梯搭配得很是协调。还有那些削角——为了使平面图变得柔和，增加趣味性，我们总是率先考虑削角的设计。设计中不断削去边角，直到获得合适的削角，这是一种舒适顺畅的体验。

建筑师本意是想通过外在的形式给人留下深刻的印象，但我对它的内在功能却念念不忘。我觉得建筑师们对顶部水塔下面的空间处理得非常柔和。有时我们只需一些简单的想法，细节就会紧随而来。让我印象至深的是尽管大楼体量不大，但空间运用非常慷慨。我很想住在楼梯的平台——那儿的布置很有家的感觉，光线也很充足。

工程学院大楼是你可以亲近而不必感到敬畏的地方。18岁那年，我觉得它比实际面积大5倍，有一种英雄气概，充满了活力。其实整幢楼小而精致，这也是现在吸引我的地方。高技派建筑强调工程学，以及结构带给建筑的真实性，但这幢大楼是高技派出现之前的作品。当然它对工程学之外的领域也非常感兴趣，只是恰好是一幢工程学建筑。如今高技派建筑早已过时，但这座建筑却没有。

多米尼克·库里南

这不是一幢我早已深入了解的建筑——它感觉更像一首麦当娜的歌，无需刻意去学歌词就已耳熟于心，因为大街小巷到处都可以听到她的歌。

第一次去参观时，不知怎么的，我觉得大楼似曾相识。这种建筑语言现在已经很常用了，我也总是提醒自己见到这种相似度已不计其数。大楼所有的一切都已清晰表达——特定的功能、醒目的外形、空间的流动性、优雅的线条，以及看起来简单的设计。

整幢建筑像人的身体，但是内部的结构展现在外面，就像人的五脏六腑——鲜艳的红色让人联想起"肠道"，楼梯如同"食道"，管道内流动着液体——活脱脱一幅人体解剖图。

大楼具有独有的气质，因为它的设计包含了很多工程学的意象，但表现的方式却很自然。建筑学和工程学两者之间的联系被高技派奉若神明，但这种联系是由大楼的建筑师们首次发现的。这其中的认定非常复杂，当然也不是对高技派有偏颇的看法。最终始创者的身份得到公开，并获得大家的认同，也许这就是现任工程学系主任约翰·福瑟吉尔教授称之为"斯特林的第一幢后现代主义建筑"的原因。

大楼的袖珍和互联性是我称之为特殊的地方。让我印象深刻的是，这个堪称工程学和建筑学上的经典作品实际上非常小巧而精致，我敢打赌当时他们一定以为它是一幢高大宏伟的建筑。因为它太小了，所以人在塔楼内会错认为自己在一个单独房间内。它保存得如此完好真是太好了。

但现在大楼出现的问题之一是，作为一件成品已无法作任何修改。如今人们经常可以在校园里看到，有些建筑为了应对时代的变化（工程学也一样），它们或加宽或改建，正如人们所说的"建筑变体"。但是这幢大楼太不一样了，它被认为是一座限制级建筑。但即使里面全部搬空，它也还是一样的出色。

参观莱斯特大学工程学院是一次很愉快的参观活动，它让我们回忆起自己想成为什么样的人。想当初在学生时代看到这幢建筑时，我们看到的是作为一名建筑师应有的理想。总有

一天肯定会轮到我们大展宏图。

届时在学术和实践的交汇点上工作的聪明人会要求我们设计一座建筑，不仅能完美地代表这个独特的地方，还能适应这个地方——体现智能、美观、灵活的特征，并且让世界变得更美好。

这种想法或理想仍然在我们的脑海中根深蒂固，仍然清晰地定义了我们希望自己成为绅士建筑师的样子。

上图： 亮粉色的楼梯扶手和楼梯平台上的休闲座位。从楼梯平台可俯瞰主入口。乔恩·巴克和多米尼克·库林南称赞这栋建筑具有"家庭"品质。

对面图： 工程学院将实验室和车间（右）、塔楼（左）相结合，塔楼内有办公室，三层以下为演讲厅。

斯特林作品　莱斯特大学工程学院是斯特林和高恩合作的最后一个项目。它产生了立竿见影且持久的影响，证明了它在结构上做出了突出的贡献，以及对上一个时代著名的现代运动形式的认知借鉴方面都具有巨大的影响力。由于这个原因，它经常被认为是英国第一座后现代主义建筑。

该建筑由一座塔楼和相邻的实验室和车间组成，覆盖着锯齿状玻璃屋顶。塔楼的下面三层被两个突出的演讲厅占据，上面三到六层的南边是实验室。塔楼共11层，除了位于六层的系主任办公室和顶层的水箱外，每层楼都有四间教职员工办公室。如今它为600名学生提供服务，是当初设计初衷的两倍。

该大楼于1993年被列为二级*历史保护建筑，几十年来维修问题突出，尤其是窗户和屋顶漏水，还有供暖、制冷以及玻璃安装等问题。

尼尔·麦克劳克林在
三一学院的伯克利图书馆，
正是这幢建筑唤起了他成为
一名建筑师的梦想。

三一学院伯克利图书馆

地点：爱尔兰都柏林

建筑师：阿伦兹·伯顿·科拉里克建筑师事务所

项目年份：1960—1967

推选人：尼尔·麦克劳克林（尼尔·麦克劳克林建筑事务所）

伯克利图书馆对我成为一名建筑师产生了很重要的影响。因为这是我第一次觉得建筑是可以和人进行对话的。

那年夏天，我已决定暑假过后到三一学院主修英语。17岁的我从未学习过艺术，也不会画画，对建筑更是一无所知。然而在学院里逛了一圈后，我对这座图书馆产生了浓厚的兴趣。当时斯科特·塔伦·沃克在我家附近的恩尼斯克里开设了古尔丁工作室。无论是图书馆还是工作室似乎都魅力十足，吸引着我的目光，尽管我当时还说不清是怎么回事。

记得当年我漫步校园，对图书馆的弧形窗户感到非常好奇，便停下脚步欣赏。我爬上窗想凑近看个究竟，这时有人路过，见状上来和我攀谈，并引导我思考建筑。直到一年后，当我来到都柏林大学读书时，我才意识到他其实就是建筑历史学家布伦丹·墨菲。

这次偶遇之后，我记得对一位朋友说起过自己的兴趣点可能在建筑学。暑假快结束时，大家都还有一次机会申请一门别的课程，凭着直觉，我在最后时刻选择了建筑学，并以优异的成绩得到了面试机会。当被问及喜欢的建筑时，我与面试官谈论的就是这座图书馆。

某些建筑富有非凡的生动性，一种比其他建筑更强烈的感觉。每当我看到那座图书馆，这种特别的气质就会出现在眼前，它似乎用一种完全不同的语言在和我交流。

在我看来，伟大的建筑之所以伟大是因为建筑物本身就是一件艺术品，它具有雕塑般永恒的魅力。邻近的迪恩-伍德沃德建筑师事务所设计的三一学院博物馆辉煌宏伟，是一幢罗斯金式的建筑，而图书馆也需要维持自己的风格。ABK事务所设计的图书馆是自己所处时代的典型产物，尽管当年图书馆落成时便招来很多指责，被认为受到限制，没有扩展性。但我认为这样做也不错——至少可以在它旁边建造另一件受限制的作品。四五十年后，当你看到这座建筑时，它已经成为这座城市的历史文物。

令人难以置信的是，图书馆的设计出自三位初出茅庐的建筑师。灵活的现场混凝土浇筑、质地坚硬的花岗岩和流动感十足的玻璃三者之间联系密切，令人印象深刻。对我来说，在20世纪60年代的建筑上面安置弧形玻璃豪华得不可思议，那可是维多利亚时代的产物。

直到来了伦敦之后，我才更透彻地了解设计的参考对象。读完柯布西耶关于拉图雷特修道院设计的文章后，我意识到柯布西耶是鼻祖，很多项目都借鉴了他的设计，其中就包括伯克利图书馆和莱思登设计的皇家内科医学院。

和拉图雷特修道院一样，图书馆并不与周边的风景融合在一起，而是脱颖而出，凌驾在风景之上，仿佛只是屈尊稍作歇息而已。整个建筑建在平整的花岗岩墙之上，仿佛是为了接地气，才有了连接地面的台阶，有了立足点。

我最近遇到ABK的几位合伙人，其中理查德·伯顿的一番回忆让人动容。当初保罗·科拉里克从纽约发来电报，说自己赢得了图书馆的设计竞赛，想回都柏林邀请伯顿和皮特·阿伦兹一起合作设计。伯顿对此非常感激，因为他们之间还信守当初立下的承诺——同为建筑联盟学院毕业生，他们要一起成立自己的事务所。我也想找人合作开办事务所，却苦于找不到合适的。这三位事务所创始人在彼此陪伴中流露出无比的快乐，他们对朋友大度无私，也不像大多数建筑师表现出强烈的自我意识，不得不说这真是太了不起了。

一想起这幢图书馆，我总是会回到整幢建筑表现出来的自信心，还有精美的细节，如对窗台的压制处理。我还想到石材、青铜百叶窗和外凸的玻璃之间的确切关系。尽管实际上我还没有把这些元素应用到自己的项目中。

我设计的项目中，受到图书馆影响最深的也许就是卡斯尔福德博物馆及图书馆，这是一个在竞赛中胜出的项目。记忆中，原始的体验应该是从灯光明亮的图书中心取走一本书，然后走到边缘特别的位置入座；一排排的窗口座椅往后靠才能入座，空间构造如蜂箱般紧凑密集。遗憾的是，图书馆最终未能建成。

但伯克利图书馆激发了我想成为一名建筑师的愿望。

每当我回到都柏林，我总是会去三一学院。对我来说，尽管图书馆历经几十年的沧桑，但却愈发出彩。大楼外立面简洁，与身边雕塑感极强的"邻居"伫立在一起，新旧两种建筑风格的对比依然非常震撼。

伯克利图书馆建于18世纪老图书馆和19世纪博物馆之间，外立面为花岗岩。

学习型图书馆　三一学院图书馆的设计开启了 ABK建筑事务所广受赞誉的建筑设计生涯。这座新图书馆是自20世纪30年代以来三一学院兴建的第一座建筑，它能容纳470人同时阅读，藏书多达83万册。

图书馆建造地址位于18世纪的老图书馆和19世纪的博物馆之间。ABK设计的新建筑被放在类似于乐队指挥台的位置，在两座旧建筑之间创建了一个前院。图书馆一楼是目录和参考书区域。二楼和三楼则打造了双层高的阅览室，读者可在这里选择大小不一的学习空间，每个空间都有不同长度的围栏，光照强度也有区别。面对大楼北立面的前院，一系列的光柱为地下室提供照明。

1979年，ABK又在该校建造了艺术大楼，并于2003年进行了扩建。

左图：ABK建筑事务所设计了大小不一的学习空间供读者选择，空间围栏的长度不同，光照强度也有区别。

右图：从双层高度的阅览室往上看的视角。除了顶部玻璃透光的空间外，通过西立面的弧形大玻璃窗能看到周围的花园，视野开阔。

牛津大学圣凯瑟琳学院

地点：英国牛津大学
建筑师：阿恩·雅各布森
项目年份：1962—1968
推选人：拉波·贝尼特和丹尼斯·贝尼特夫妇（贝尼特建筑师事务所）

丹尼斯（左）和拉波（右）在牛津大学圣凯瑟琳学院的主四方庭院内。他们第一次参观那里还是在学生时代。

拉波·贝尼特

我们第一次参观圣凯瑟琳学院是在1975年，当时我们在爱丁堡艺术学院学习，期间去伦敦实习了一年。回爱丁堡前的最后一个周末，我们决定在牛津和剑桥附近逛逛，见识一下新建筑，如圣凯瑟琳学院和ABK设计的基布尔学院的部分建筑。其中圣凯瑟琳学院对我们后来的事业产生了持久的影响。整个设计用了最少的元素和材料，显得非常节约。每个环节都一丝不苟地执行，细节也十分精美。雅各布森在向我们传达一种理念，建筑无需炫耀也能获得大家的认可。

学院的所有建筑并不引人注目，也不像许多现代建筑一样被设计成独立的个体，而是与外部空间形成和谐的整体。空间的组成依赖于对称性——除了钟楼和中央草坪偏离中心的杉树外。

这些建筑遵循严格的模块，并有清晰的重复。这样可能会带来单调无聊的风险，但事实并非如此。每座建筑的正面设计都不同——其中一座是有外包层，一座是用遮阳装置，另一座是用砖块。建筑的密斯风格鲜明，但又不乏斯堪的纳维亚风格的渗透。

雅各布森的建筑体现了真正的工匠精神，尽管细节上的精益求精往往费时费力，但我们陶醉于其中，同时也渴望达到这种水平。如今在建筑中美术和工艺之间似乎存在着两极分化，但真正能理解建筑的建造就是工艺这个元素——设计时应多加考虑。

作为一名建筑师，但凡有点经验的人都会意识到设计缺少不了细节，而细节的好坏可能会决定作品的成败。在圣凯瑟琳学院，这些细节就体现在柱、梁、玻璃和屋顶之间的关系中。处于鼎盛时期的建筑师通常具有前瞻性来设计出这些细节。每个组件的设计极其清晰，使主要房间或会议室都作为一个整体。遗憾的是当今建筑往往缺乏整体性设计，肤浅的作品比比皆是。

雅各布森是个地方主义者。他很清楚牛津大学传统的方形庭院，也渴望在自己的设计中吸收这一点——刚着手设计时，他就要求把所有学院的平面图都送到哥本哈根。让人感觉特别有创意的是，从室内走到室外，刻板的形式立刻开始瓦解。主庭院空间变成了一个个花园，花园周围伫立着一根根石柱，石柱与石柱之间种着紫杉树篱，寓意为回廊。

高级会议厅的门板两边镶有玻璃，门的尺寸与墙上悬伸出来的遮阳棚大小相匹配。但这种设计并不是纯功能性的，遮阳棚延伸到离大门还有一些距离的地方便戛然而止。所有的设计都显得很轻盈，令人叹为观止。这里整个景观与建筑完全和谐，是整个学院中我最喜欢的一处。

建筑的完整性贯穿于整个学院。从挂毯到餐厅里的家具、陶瓷和餐具都非常完美。学院至今已投入使用长达50年，它得到了精心的维护，这对建筑来说是最高的褒奖。

丹尼斯·贝尼特

圣凯瑟琳学院是牛津大学几个世纪以来第一所新建的学院。即使到现在，它也是唯一一所晚上不关门的大学校园。校园并非是一座方形庭院，雅各布森设计的建筑网格图形松松垮垮，以碎片的形式向边缘延伸。他通过不同的建筑和景观元素，解决了很多传统的方形庭院面临的问题——比如如何绕过拐角。紫杉树篱围成外部空间，使景观的融合看起来非常立体。

从20世纪60年代的照片上看到，当时的紫杉还很矮小，并未长大，真是神奇。设计师还能预判树的成长，而现在的做法往往是种植成熟的树。让建筑慢慢成长而不是一开始就已完全定型，这种做法着实令人赞叹。

雅各布森的设计表明，几何构造的重复并不是创造细腻建筑的天敌。相反，它可以是一种以诗意的方式来编排事物的机制。圣凯瑟琳建筑的构造非常清晰，对框架结构和填充物都有简单的表达，每个元素都彰显出彼此的存在。雅各布森的建筑语言有一种我们所喜欢的可构建性。

雅各布森还教会了我们如何视察细节，这些细节在这里都融入了材料的特性。砖砌工艺非常棒。他想用一种颜色较浅的砖来反射光线，但不确定产品是否能满足要求，所以最后采用了一种英式砖块，并模仿大陆砖块的比例缩减了砖的高度。所有的东西都是为砖块模块设计的，所以在任何地方都不会有造型奇怪的切割砖。

无论是在超大的餐厅还是在较小的活动室里，雅各布森都考虑到最后一个细节，用几种同样的材料在每个空间里创造出不同的效果。例如在高级会议室空间中，不对称元素使房间看上去少了一份威严，多了一份亲密，同时也明确了主要活动的发生地。雅各布森一直关注这些潜意识传达的信息，更可取的是他还用圆点地毯来显示放椅子的位置。

尽管建筑规模庞大，但无论从内部还是外部来看，它都具有出色的居家的空间设置。我认为要欣赏这座建筑，最好的方法之一是研究地面规划，用同样3米的网格来确定建筑物和景观的平面。它虽然会导致内外部空间的强度增大，但是南北向的开阔区域看起来会比较舒缓。

上图：餐厅。建筑师阿恩·雅各布森负责学院设计的各个方面，从建筑到餐具无所不包。

左图（最左）：高级会议厅的入口景观。这个类似于回廊的空间由紫杉树篱围成，是拉波·本尼茨最喜欢去的地方之一。

左图：主餐厅的桌灯细节。

伟大的丹麦人　圣凯瑟琳学院成立于1962年，是牛津大学最年轻也是最大的学院。当时学院任命丹麦人阿恩·雅各布森设计其建筑而不是英国建筑师时，引起了很大的轰动。但这一决定是正确的。英国建筑历史学家尼古拉·佩夫斯纳称其为"完美的建筑"，而建筑评论家雷纳·班汉姆则以赞许的口吻称其为"牛津最好的汽车旅馆"。

该学院位于城郊的沼泽地带，由两排平行的三层住宅建筑外加四幢独立的建筑组成，住宅建筑内有拱廊，从北到南依次为活动室、餐厅、图书馆和演讲大厅。在河对岸还有一幢研究生楼和一间独立的音乐教室。

1993年，该学院被纳入第一批"二战"后建造的一级历史建筑名录。由斯蒂芬·霍德尔设计的住宅公寓分别于1994年和2005年竣工。

圣约翰学院克里普斯大楼

地点：英国剑桥

建筑师：鲍威尔-莫亚建筑师事务所

项目年份：1966 —1967

推选人：阿伦·琼斯和比巴·道（道-琼斯建筑师事务所）

阿伦·琼斯（左）和比巴·道（右）在克里普斯大楼的屋顶，该大楼为剑桥大学圣约翰学院的一幢学生公寓。

阿伦·琼斯

我第一次了解克里普斯大楼是在1990年，那年我刚去剑桥上大学。

成行排列的公寓楼形成了学院的前三个院落，穿过这些公寓楼，走过叹息桥，转到一座略微露出破败迹象的19世纪哥特式建筑——新庭院。穿过新庭院中央的狭窄通道后，眼前一片开阔，来到一块花园空地，那里伫立着鲍威尔-莫亚建筑师事务所设计的建筑。大楼沐浴在阳光中，闪耀着白色的光芒，充满了现代气息，与学院其他的古老建筑形成了非常明显的对照。

当时的剑桥没有多少人对现代主义建筑感兴趣，我敢保证很多与我同时代的人会把这座大楼看成是"亚柯布西耶式（Sub-Corb）"的现代主义作品，但它绝对不是。我记得我当时只是认为它非常有趣，但现在更看重的是它的质量和精妙之处。在过去的15年里，我带过很多学生来这里参观，它给我们上了一堂形式和空间巧妙结合的精彩课程，同时也教会我们超越现象看本质。毕竟喜欢20世纪60年代的英国现代主义作品并不是件赶潮流的事。

大楼最有趣的是平面布局。整幢大楼又长又窄，蜿蜒曲折，像一条蛇在地面爬行，与其他建筑一起创造出众多空间。大楼与周边环境结合融洽，与周围不同建筑的组合也合理得当。尽管它本身并不是一座四合院，但它跨越剑河的入口，分别与新庭院的背面——毕达哥拉斯学派之屋（School of Pythagoras）（注：剑桥大学现存最古老的建筑）这些建筑一起形成四个庭院。

大多数现代主义建筑都是目标建筑物，相当醒目。但克里普斯大楼天生带有一种谦逊、低调的特点——大楼与其他建筑物之间的空间比其本身更重要。这种设计非常大度。

如果要更仔细地观察这座大楼，就会发现鲍威尔和莫亚处理的中心点明显就是回廊式建筑类型的运用，他们既考虑了牛津剑桥大学本身的气质，也未忽视这块场地上类似的建筑元素再利用的问题。

大楼非常强调横向水平状态，这种状态只有在遇到楼梯及楼梯穿过屋顶时才被打破。楼梯在一楼是完全开放的，顺着楼梯往上爬，会到达石头和玻璃建造的楼顶小亭，但永远进不了大楼内部。这是一种走进又走出的奇怪体验。过去楼顶经常挤满了学生，有复习功课的、喝啤酒的、下棋的，还有开派对的——就像热闹的村庄。可惜目前通道已关闭，不向学生开放。

大楼与地面的接触有很多微妙细节和变化。例如在河边，地面铺设的波特兰石让人联想到贝壳和沙滩，相比之下，大楼也显得更坚固。离开河边，建筑物在一楼变得更加开放，景观也沿着回廊缓慢移动。

各个学院都会全力支持众多了不起的创意和想法，因为他们高瞻远瞩，雄心勃勃。在克里普斯大楼上，圣约翰学院就做得非常到位。

比巴·道

我第一次了解克里普斯大楼还是一名剑桥大学建筑系的学生，那时我去大楼看望我的表姐，她已入住两年。我真的很喜欢这座大楼，安静又自信——悄无声息，但内涵丰富。作为学生，当时可能并不认为它会让人产生强烈震撼，但随着建筑知识的积累，对它的微妙之处也有了更多的体会。

它所处的位置风景如画，人们的目光都投向河流西岸的后院开放空间，而东岸古板的学院主建筑则略逊一筹。克里普斯大楼的出现令人耳目一新，重新诠释的回廊庄重严谨，沿河的大楼背面自在随意。

大楼背对着河，沿岸而建。顺着楼梯过道下来，穿过回廊再走到学生宿舍，让人感觉轻松自在，脚步轻盈。

成立自己的事务所之前，我曾在鲍威尔-莫亚事务所工作过。我还记得杰科·莫亚有克里普斯大楼整套五金器件的原尺寸细节图。

卧室里有各种各样的窗钩、窗扣、门闩、门扣，橱柜门把手和挂钩的样式也不尽相同。一些一次成型的物品也非常漂亮，比如门房窗户上的铜制窗扣面板都是专为大楼设计的。如今我重返大楼，见到这些物件依然还在继续使用，有种由衷的喜悦。

大楼的建材种类不多，外立面中有波特兰石、预制混凝土、铅包层和玻璃；内部装饰包括硬木和铜饰，镶嵌在抹灰墙和天花板上。整幢大楼只使用了少数几种颜色，但所在的位置很醒目，周围建筑文脉之间的关系也很清晰。

在道-琼斯事务所的设计调色板中，也只有几种淡雅的颜色，但都非常有用。在沃尔伯斯威克的杨树小屋项目中，我们只使用了陶土和橡木两种材料就找到了多种不同的组合。在柏蒙西的朗特街项目，我们将一家维多利亚式旧厂房的顶部打造成了玻璃和橡木屋顶景观，将屋顶原有的几个花园空间连接起来。当时我们还以为自己借鉴了罗伯特·斯迈森的创意，因为这与他富丽堂皇的威尔特郡的朗利特庄园内的糖果亭有几分相似。但现在来到这里，我们才发现自己的设计其实与克里普斯大楼更相似，而且这种类比更具当代性、更加无意识。

我们曾参与过一些历史建筑的现代干预工作。这类工作的关键点似乎在于界定新旧之间的标准，以及找到合适的类比来展开工作。鲍威尔-莫亚事务所在这方面做得非常成功，他们创造的建筑完全属于当代，同时又牢牢地植根于学院的历史文化之中。

上图： 大楼的外观色彩简洁，由波特兰石、混凝土、铅包层和玻璃组成。大楼非常强调横向水平状态，这种状态只有在遇到楼梯及楼梯穿过屋顶时才被打破。

左上图（最左）： 克里普斯大楼背对剑河，曲折的外形创造出两座新庭院。

左上图： 铜制五金细节之一。整幢克里普斯大楼中有许多定制的铜制五金配件。

装饰铜之美　为了满足战后大学学生数量猛增带来的需求，克里普斯基金会出资建造克里普斯大楼，该大楼位于圣约翰学院。克里普斯家族拥有一家钢琴厂，该工厂用铜制作琴弦，这或许有助于解释大楼内铜装饰特别多的原因。

该建筑沿河而造，外形蜿蜒曲折，形成两座新庭院，一座连接了河庭院和新庭院大楼，另一座连接了墨顿大厅和毕达哥拉斯学派之屋，一路化解角度变化引起的视觉尴尬与不适。大楼楼高四层，一层为回廊，从回廊处可以看到河景和后院的景色，这片区域有几所学院背对着剑河，所以称为"后院"。大楼的顶部是巨大的屋顶露台，用混凝土长凳形成栏杆。大楼共有8部楼梯。楼内多数房间装有滑动隔板，区分休息盥洗区和学习区。复式顶层公寓套房有12间。

克里普斯大楼现在是二级*历史保护建筑。

彼得·巴伯再次参观"非常动
人"的波尔图大学建筑学院。

波尔图大学建筑学院

地点：葡萄牙波尔图

建筑师：阿尔瓦罗·西扎

项目年份：1987—1993

推选人：彼得·巴伯（彼得·巴伯建筑师事务所）

第一次听说阿尔瓦罗·西扎时我还是名学生，正就读于中央伦敦理工学院。看到西扎作品的那一瞬间，我的内心是极度震惊的，他的作品结构不但表达清晰，外包层细节精细，而且如雕塑般精美，完全不像英国20世纪七八十年代的高技派建筑。他的建筑似乎体现了隐蔽、诱惑和诗意。他想隐藏技术，结果却清晰地表达出纯粹的形式和空间。

在谢菲尔德攻读第一个学位期间，我对实用主义极其沉迷。因为喜欢建筑电讯学派，我来到了中央伦敦理工学院，师从大卫·格林。毕业时，我对一种短暂而轻盈的建筑产生了兴趣。在理查德·罗杰斯手下工作的时候，西扎和路易斯·巴拉根两人的作品让我学会以不同的方式看待建筑——这是一个强调建筑质量和坚固性的理念，强调具体建筑的植入需考虑外形、文化、几何构造等几个方面。

1994年，建筑学院对外开放后不久，我便登门拜访。之前我已在波尔图见识过西扎的其他作品，比如美妙的咸水泳池和博阿·诺瓦茶室，但对于建筑学院这样的建筑我还是头一次见到，它与我之前所崇拜的建筑都大相径庭，后者更僵化，强调高科技的小玩意儿，完全受结构控制。通过西扎，我开始喜欢那些更神秘莫测的建筑。

波尔图大学的建筑确实非常动人。人穿梭其间，会觉得建筑师在和自己对话，给自己施加一种细微却深远的影响。建筑师好像在轻搂着你，随着空间依次生动地展开，温柔地引领着你参观。这是一幢在逐渐探索中不断有新发现的建筑。几年来我参观建筑学院的次数已不下六次，随着对它的日渐熟悉，我也慢慢领悟

到其微妙之处。这与库哈斯最近建成的波尔图音乐厅有很大的不同，后者看起来好像是从外太空碰撞后着陆。乍一看它比西扎的作品更容易理解，但西扎的作品层次更多、更复杂、更微妙，也更本土化。

西扎本人非常安静和自信，这座建筑也有一种沉稳的自信，这就是它的微妙之处，可以让人们更仔细地观察。一走进中央空间，人们的步伐会不由自主地加快，因为他们的好奇心被激起，想一探究竟。对我来说，这就是建筑的神奇之处。我喜欢呈现弧线的建筑——但想和做往往是两回事。西扎做到了，他在接缝处仔细研究了好几天才弄对。整个建筑群我最喜欢的地方是非正式会议场所，或称之为"门厅"，位于毕业设计塔楼下方。这里是主要流通点，无数的路线和轴线汇聚在此，形成了一个人气很高的空间。人们在那里匆匆走过，停下来聊天，或坐下来喝杯茶。因此，它具有我喜欢的城市气质，围绕中心广场的建筑布局让整个学院感觉像是城市的一部分。

西扎说过，建筑在入住之前是毫无意义的。在我看来，他深刻地思考了建筑空间的利用问题。在一个繁忙的日子里，学生们在中心区域踢足球，或坐在被截短一截的塔上，整个空间变得生动而有活力。刚接触西扎作品的时候，我就受之影响，以这种方式思考建筑。

英国也有许多公共场所和教育行业建筑，在这种背景下，波尔图建筑学院向我们展示了如何打造一个从容自信又充满亲切感的场所——具有社会公共性，而不是像很多大学校园建筑那样的社团环境。比起我去过的其他建筑学院，我更喜欢这里。但与此同时，学生们

在西扎设计的大楼里接受西扎的设计理念是不是一种"专制"？

参观建筑学院时，让我对建筑坚固性的热情依旧，同时也坚定了用质量和简单形式设计的决心。辞去罗杰斯–艾尔索普建筑师事务所的工作后，我成立了自己的事务所，去沙特阿拉伯花了一年的时间打造了自己的第一个项目——安巴尔别墅，在这个项目中彰显出西扎对我的影响。

如今我们事务所很多设计都与街道和公共空间有关。我喜欢西扎在大楼设计中表现出来的慷慨，它是城市公共·空间的一部分，我们只是受邀走过这些空间而已。而我自己设计城市住宅项目就是本着这种精神构思的。这些项目包括伦敦东区的多尼布鲁克和坦纳街，以及在这之前的哈格斯顿西部的总体规划，还有位于哈克尼的金斯兰德房地产项目，都被认为是城市的一部分，要融入周围的环境。

波尔图大学建筑学院借鉴了众多建筑师的设计，它让人想起了波尔多的街景，还有着卢斯、阿尔托和柯布西耶的影子，也许这是众多建筑师完成的设计作品。校园环境一直让我着迷，我也相信用不了多久自己还会再回来，但是人总得不断前进探索。我对"自制"房的确很感兴趣，也喜欢像马拉喀什这样的城市，房屋密集，街道交错，人山人海，生活喧嚣而热闹。

左图： 图书馆位于学院的北翼楼，旁边还有一个大礼堂、几个演讲大厅和多个部门办公室。

下图： 庭院下的地下通道连接着所有的教学楼。

几座工作室塔楼，还有学院北翼的数学楼，都围绕在校园庭院周围。彼得·巴伯欣赏这里的建筑为公民场所，而非社团环境。

大学教育　选择阿尔瓦罗·西扎打造波尔图大学新建筑学院再合适不过了，因为他是该校的毕业生，并于1954年在波尔图成立了自己的事务所。

建筑学院于1993年竣工，占地8.7万平方米。学院坐落在斜坡上，可俯瞰杜罗河。西扎把整个建筑设想为有内院的单一大型建筑，然后分成许多相互关联的小型个体建筑。教学和建筑研究安置在一排工作室塔楼内。各部门的办公室、几个演讲厅、一个大礼堂和图书馆都被安排在塔楼后面的北翼楼内。北翼楼充当隔音屏障，挡住楼后面繁忙道路传来的噪音。顶层是毕业设计工作室。

四座塔楼都通过地下一条宽敞的通道连接在一起，与北翼楼的地下室接通。在地面、北楼和塔楼之间有一个半封闭式的中央会客空间。

迈克尔·科恩在哥本哈根的海勒鲁普学校楼梯口。这里楼梯宽阔，
多功能中庭周围则是非常规的教学空间。

海勒鲁普学校

地点：丹麦哥本哈根

建筑师：阿科迪玛

项目完成年份：2002

推选人：迈克尔·科恩（沃尔特斯—科恩建筑师事务所）

　　海勒鲁普学校的设计是独一无二的，它不是一座原始又完美的建筑，也不是一处景观，而是对设计要求的绝妙解释——据我所知，这是第一所新型开放式学校。2006年，我跟随英国学校环境委员会一起访问了该校。学校校长带领我们参观了校园。整个学校让我大开眼界，印象深刻。

　　这所学校和在英国看到的任何学校都不一样，它会让人眼前突然一亮，从而心生重返校园的愿望。对学校设计来说，学校的愿景、课程和教学都至关重要。如果教育者倡导的是独立的学习，那么建筑师可以拿海勒鲁普这样具有互动性和灵活性的建筑作为参考对象。

　　海勒鲁普学校为学生和老师提供鼓励个性化学习的环境。学校外表朴实，但构造巧妙。让人赞叹的是内部结构，感觉完全不同。一进入大楼内部，你会被宽敞的中庭空间包围。没有独立的教室，只有小组活动区域。即使教职员工区也被设计成开放型空间。

　　海勒鲁普使用的建材是底灰、木材和油地毡，色调运用干净，显得很漂亮。中庭很宽敞，顶部为玻璃天窗，光线充足。这种空间令人印象深刻，也是整个学校设计的重点。

　　学校的学习环境非常宽松。我第一次去的时候，曾看到有个班级竟坐在楼梯台阶上上课。我们做演示的礼堂也是在楼梯间，演示的时候学生在一旁来来往往，这对学校的任何人来说都习以为常。这次来参观，我看到有孩子在楼梯口玩游戏，其他人则坐在沙发或电脑边学习，露台上有个男孩正在准备烧烤。学生在这儿学到的不仅仅是学术知识，还有许多生活技能。

　　乍一看，教学的布局显得很凌乱，但一经仔细分析，发现全都井井有条。从主空间开始，有三层区域作为每个班级的固定场所，每个班都配有自己的电脑、卫生间和厨房，但是没有集中的餐厅——每个小组都自备午餐，并在各自的空间里吃饭。

　　每个固定场所都有移动屏幕，可以用来围成一个圆形空间。在这个空间里，整个班级在早晨做的第一件事就是晨间谈话，讨论这一天要做的事情。之后学生可以一起听老师讲课，或者找到一个合适的空间，以小组或个人的形式学习。

　　没有正式的时刻表就意味着没有铃声，这有利于形成轻松的气氛。其实所有学生都有自己的时刻表。由于储藏柜和大屏幕都是可移动的，所以每个空间可以灵活改变。当然，一些像科学、木工和烹饪这样需要特殊设备的学科除外。

　　海勒鲁普的设计是具有革命性的。它并没有拘谨刻板，而是做到了灵活使用。与英国不同的是，这里的规则制定得非常合理。例如卫生间是直接从主空间（而不是附加在门后）隔离出来的单独小间，这样避免了学生在里面受到欺凌的潜在问题。

　　我第一次去的时候，看到离楼梯口只有一米左右的地方有学生正在打乒乓球，但没有人上前制止他们；同样在体育馆里，有女孩在高高的秋千上玩耍，但也未受到阻止。学校这样做就是为了帮助孩子们学会自己判断风险。

　　海勒鲁普学校是最早成立的开放式学校之一，几乎所有英国人都为这种类型的学校兴奋不已。还在2003年，我第一次听说这所学校，

就觉得它很有创意，因为它没有正式的教学空间。其实这些想法并不是首创：早在20世纪70年代，英国就有很多开放式学校，但空间通常很狭小局促，传声效果也不佳，所以这种想法不了了之。然而在海勒鲁普，不但空间宽敞，所有的天花板和栏杆都有吸音功能。

学校的规模也是取得成功的一个重要因素——整所学校只有400名左右的学生，所以从规模上看可以做到个性化。此外，建筑师们的设计时间也很宽裕，他们无需马上着手设计，仅在设计的可行性讨论上就花了6

个月。相比之下，依照英国教育部学院框架（Academies Framework），我们仅有14周的时间做设计前的准备。另一个因素是，该校至少有6个月的时间是不上课的，这让教职员工可以选用各种家具，尝试多种摆放。

许多英国建筑师都受到海勒鲁普学校设计元素的启发，尤其是楼梯。同时海勒鲁普也坚定了我们的一些想法。例如我们一直以为卫生间的设计不应集中化，这个想法也在海勒鲁普得到了印证。此外通过海勒鲁普，我们也了解到大型空间无需隔断也能获得较

好的传声效果。

我们经常向校长们介绍海勒鲁普学校和其他类似学校的理念。然而要在英国找到这样一所能运用同样课程和教育方法，让学生们得到同样的信任的学校，我觉得这种可能性微乎其微。

显然海勒鲁普的第一年很艰难，因为教职员工和学生要适应这种完全不同的学校环境。但一旦适应之后，它就成为一所出色的学校，这里到处洋溢着幸福，孩子们在快乐中学习成长。

右上图：主楼梯口的中央"心脏"地带是各种功能场所，包括图书馆在内。

左上图：海勒鲁普宽敞的主楼梯。用于流通，也可以作为教学场所的座位。这对其他地方的学校设计有非常大的影响。

对页图：大楼外表朴实无华，内部包括各种学习空间，强调开放性和使用的灵活性。

创新的学习方式 海勒鲁普学校位于哥本哈根北面，学生年龄从6岁到16岁不等。这座占地8200平方米的学校由阿科迪玛事务所设计。整个学校中间为中庭，周围为宽阔的阶梯式区域。中庭宽敞，形成多用途的中心空间。

该学院开创了灵活的学习环境，可以随意重新规划空间，选择场所。校园氛围很轻松——所有的学生、教职人员和游客都需脱鞋才能进入大楼。此外，也没有像传统学校那样的教室划分。

文化建筑

展览会杰作　1929年巴塞罗那国际博览会在该市的蒙特惠奇区举办，官方招待会设在了密斯·凡·德·罗设计的德国国家馆。展馆为钢架结构，用了四种不同的石头——罗马灰华岩、阿尔卑斯绿大理石、希腊绿大理石以及来自阿特拉斯山脉的金缟玛瑙。

密斯和设计师莉莉·瑞克一起设计了展馆内部装饰，他为这座建筑设计了著名的巴塞罗那椅。该展馆于1930年被拆除，但仍是象征现代主义的重要作品。

50年后，巴塞罗纳市议会委托建筑师依格纳斯·德索拉·莫拉雷斯、克里斯蒂安·斯里齐和费尔南多·拉莫斯研究并重建这座建筑。1986年建成后的德国馆在其原址上对外开放。该馆现为密斯·凡·德·罗基金会所在地，该基金由巴塞罗那市筹建成立，用来组织展馆的重建工作，促进人们对密斯及其作品的了解。

1986年重建的巴塞罗那展馆内景。赫然在目的是细纹大理石墙，玻璃隔断的后立面是一个小庭院和水池。

巴塞罗那展馆

地点：西班牙巴塞罗那

建筑师：路德维希·密斯·凡·德·罗

项目年份：1929（1986年重建）

推选人：基思·威廉姆斯（基思·威廉姆斯建筑师事务所）

有些项目颇具影响力却是昙花一现，如同英年早逝的电影明星，只在模糊的照片中能依稀辨得它们的身影。然而它们却对建筑的发展方向产生了根本性的影响。

密斯的德国展馆为1929年的巴塞罗那国际博览会设计，可惜第二年就被拆除了。作为建筑系学生，我花费了大量的心血来研究它的平面图和几张模糊的照片，想象着自己身临其境，穿梭在展馆之间。展馆的结构稀疏却如迷宫般复杂，构思精巧，简单朴素的水平切面也给人留下了深刻的印象。这真是一次愉悦的虚拟体验。

作为20世纪最伟大的建筑师之一，密斯重新定义了我们对表面、空间和建筑的概念。我从未想过我会亲眼见到这座展馆。为什么？因为在密斯的有生之年，展馆只存在了不到一年的时间。然而展馆在1983至1986年间重建，并再次出现在世人的眼前。从绝对意义上讲，我们不知道这件复制品对原馆有多少忠实度，但我认为已很接近。

我第一次参观是在1991年，展馆的一切对我来说都很熟悉。墙立面和地面平板的相互支撑令人赞叹，薄得出奇的水平屋顶在墙上延伸，似乎没有受到任何限制。露台上的水池表面看起来平静，不泛起一丝涟漪。

我被戏剧化的视觉效果所吸引：空间的透明度和层次感在解读空间的深度上玩着把戏；阳光照耀在石头和水的表面；闪闪发亮的十字形不锈钢柱，细得不堪重负，好像随时都会折断。迷宫式布局的深处，德国雕刻家格奥尔格·科尔贝创作的雕像阿尔巴站立在水池中，形成单一的焦点。巨大的石墙板超出一般墙板的大小，但墙面为2：1的矩形，与地面较小的方形网格衔接，看起来很赏心悦目。从某种程度上说，作品符合人体的尺度。

仅仅从图纸和照片中是无法理解材料的细腻性的。深色大理石墙壁、灰华岩地坪呈现出华丽丰富的颜色，与半透明的金缕玛瑙墙面纹理吻合。这一切让人产生轻抚墙面的欲望，如同触摸豪华新车的车身。

这件安排巧妙、层次丰富的作品未想过会引起多大的关注，建造的初衷只不过是在国际博览会的喧哗声中提供宁静的空间。除了展馆本身，密斯还向我们呈现了巴塞罗那椅子。

设计德国馆时，密斯已经40多岁。这件作品仍然是他的一个试验平台，让他逐渐形成自己的设计概念，并贯穿在自己后期的作品中。该展馆与他在布尔诺设计的图根哈特别墅都属于同时代的作品，两者在细节处理上和材料使用上都很相似，但后者受到了家庭使用功能上的限制。然而在德国馆，密斯可以摆脱束缚，自由地进行空间探索。

之后几年里，密斯的设计作品规模更大，建筑类型更多样，在建筑界的地位也日益巩固。但我认为密斯后期作品从未超越他这昙花一现的设计杰作，80多年后的今天，这座展馆仍然能够唤起建筑的精神。

汉斯·范德·海登在
博伊曼斯·范·伯宁恩博
物馆中一间教堂式的小型
雕塑画廊内。

博伊曼斯·范·伯宁恩博物馆

地点： 荷兰鹿特丹

建筑师： 艾德·范德·斯特尔

项目年份：1928 —1935

推选人： 汉斯·范德·海登

　　我对博伊曼斯的迷恋，与我自己建筑思想的发展息息相关。

　　这是一座非常重要的艺术博物馆建筑，我在代尔夫特上学就有所耳闻，代尔夫特是一座离鹿特丹很近的城市。由于当时处于20世纪80年代，现代主义建筑占据着主导地位，大家都热衷于设计"白盒子"，所以我并未把博伊曼斯放在心上。直到在麦加诺建筑事务所工作，我才对它真正着迷。事务所的建筑师都是"白盒子"的忠实拥护者，他们硬要在原址上造一座技术上很难达到的建筑，于是所有人都一直在与建筑承包商交涉，力争不出差错。渐渐地，我开始对这种方法心生不满。

　　我来自一个建筑世家——祖父是木匠，父亲是建筑技师，他们认为建筑应该是建筑团队合作的产物——这与麦加诺建筑事务所的观点截然不同。于是，我开始关注现代风格之外的建筑。在鹿特丹，我发现好多建筑都是砖砌结构，包括博伊曼斯博物馆在内。虽然这些建筑风格都不一致，但都是有公共意识的建筑。它们不靠"大喊大叫"来博得注意，反之采取大众可以接受的、低调的方式，用砖块、石膏和石头与人对话。这种有内涵的建筑表达方式深得我心。

　　在麦加诺，我向同事播放我所欣赏的意大利建筑幻灯片。当然，他们都震惊不已。麦加诺是个充满活力的地方，我也的确学到很多，但是我很清楚自己不想要什么，所以和志同道合的同事开办一家自己的事务所是顺理成章的事。

　　鹿特丹经济扩张时期留下的建筑物早已被人遗忘。在1940年被德国空军摧毁之前，鹿特丹的城市形象一定丰富多样。但这一切已经过去，战后重建是项经济事务，由一帮现代主义的追随者无情地执行。即使在今天，像博伊曼斯这样的砖砌建筑也未被公认为重要建筑，因而被排除在设计标准之外。但它们可能是恢复鹿特丹城市形象的最佳解药，因为城市本身就处于不断地更新换代之中。但传统的港口活动在市中心已不复存在，现在的问题是如何重新改造这些传统地区，为本地市民提供日常生活服务。

　　鹿特丹城市建筑师范德·斯特尔把博伊曼斯大楼、花园以及室内连成一体，形成了很强的连贯性。在我看来，虽然人们可能并不清楚这座建筑的美体现在哪里，但他们还是接受了它，并把它看作一个熟悉又舒适的地方。

　　博伊曼斯建于20世纪30年代，是当时欧洲最现代的博物馆。设计期间，客户和建筑师就一起周游欧洲各国，探访了20座最佳博物馆。除此之外，作为研究的一部分，他们还建造了全尺寸的玻璃屋顶画廊模型，模拟光线追踪阴影效果。整幢博物馆只有一楼有窗户，那里的画廊用来展示工艺和设计。楼上几层则全靠玻璃天窗，为绘画作品创造合适的光照条件。

　　从技术上讲，这栋建筑拥有当时所有最先进的新奇技术，包括空气调节设备。令人惊讶的是，从构思到建造，整个过程仅仅花费了四年时间。

　　这座博物馆具有现代环境下的传统精神。对于大型机构建筑来说，外观称不上高大雄伟，而表达的材料也仅是砖块。所以本质上这是一座带有钟楼的砖结构平房，乍一看会觉得相当粗糙，但微妙之处在于它的细节。现代主义建筑有所谓的变焦因素的缺点——近距离看像一个"白盒子"，从远处眺望也没什么不一样。但这座建筑就像一幅画，特别是走近看时，会发现更多的细节，非常精致。

　　原主入口尤其特别。一个个空间由小变大，逐渐在一边形成入口，这是古典主义常用的做法。最大的空间是椭圆形而不是圆形。走进之后，绿色的地板和黑色的基座突然出现在眼前，从语言学上来说，这是一个转折。大楼的其他任何地方都没有这种设计，但在这里则显得很自然。

　　大楼里面的设计成轴向发展，处处体现细节。整座建筑并不想显得太矫揉造作，然而每个细节都被考虑到——这其中不一定是建筑师本人想到的，还可能包括建造大楼的人。在为雕塑作品设计的画廊里，底座是石头，但在绘画画廊内，底座是木材。

　　同样有趣的是房间的连接方式——这关乎游览者在空间的探索。人们从一个房间移动到另一个房间——没有走廊或流动的空间。我特别喜欢弧形的座位，它们嵌入在画廊的墙壁内，沿着循环路线穿过这些房间，效果美得无以复加。这可以理解为轴线空间上巴洛克式的扭曲。

　　在设计利物浦蓝衣艺术中心的扩建项目时，我曾带客户来参观这座大楼。他们赞赏那里的空间强度，同时也对砖这种建材留下了深刻的印象。通过"蓝衣馆"我才了解到设计翼楼的循环路线是多么困难，而范德·斯特尔为连接两端的画廊，非常巧妙地在翼楼的末端添加了像教堂一样的小空间，这里用来放置雕塑作品。从理论上来看，这是一座古典建筑，尽

管古典主义常常被认为封闭僵化，剥夺了作者的想象力，但这座博物馆却极富想象空间。

时至今日，我依然经常光顾博伊曼斯。每次在博物馆四处走动都有新的发现，这一点很少有建筑能做到。

从每个画廊入口处的嵌入式座位看过去的视觉效果。汉斯·范德·海登说，这种效果"美得无以复加"。

市政建筑的典范 艾德·范德·斯特尔 （1893—1953）是鹿特丹市政建筑师，他受委托为博伊曼斯·范·伯宁恩博物馆设计一座新建筑和公园。该博物馆成立于1849年，以超现实主义收藏品闻名于世。

斯特尔联合城市规划师WG·维特芬共同设计，他们把博物馆设想成一座城市，由坚固的砖石建筑形成古典的街道和广场。博物馆外层为红砖，包括一座庄严的塔楼，在夜晚被照亮。受私人收藏家的家庭内部装潢启发，博物馆设计了一系列细节不一的小型画廊。

1940年的轰炸摧毁了市中心的大部分地区，但该博物馆幸免于难。这座建筑最初由两个庭院组成，后来又历经几次扩建，其中最引人注目的是亚历山大·博登 （1972）设计的供临时展览用的新翼楼，以及由休伯特-詹·汉克特 （1991）设计的展馆，这极大地改变了建筑与周围风景的关系。后者的设计初衷是一家画廊，现在被用作餐厅。罗布列特-达姆建筑师事务所 （2001）对博登楼的扩建项目包括新画廊和图书馆。

博伊曼斯博物馆为20世纪30年代鹿特丹低调的砖砌结构公共建筑系列之一。之后的扩建项目包括一个可俯瞰周围公园景观的展馆。

保罗·威廉姆斯在精心设计的维罗纳老城堡博物馆内，身旁为坎格兰德一世骑马雕塑。

老城堡博物馆

地点：意大利维罗纳

建筑师：卡洛·斯卡帕（修复）

项目年份：1958 —1964

推选人：保罗·威廉姆斯（斯坦顿–威廉姆斯建筑师事务所）

对我来说，老城堡博物馆提供了建筑的完整性。它不仅仅是一座拥有众多艺术作品的修复建筑，还是一个能让所有东西发挥自己功能的整体。许多建筑物都能打动我，但没有一个像这座博物馆那样深入人心。我在其间四处走动，脸上不自觉地露出了微笑。卡洛·斯卡帕的设计源头，他的思维过程以及他的激情我都了然于心。这样的体验就好像我在和他进行无声的对话。

我第一次看到斯卡帕作品的照片是在20世纪70年代初，当时还是名建筑系学生。看完后惊讶之情难以言表。这一幅幅照片像是种启示，艺术竟然可以通过如此细腻周到的方式展现。他将新旧事物结合起来的修复方法，是我之前闻所未闻的。当然，那时斯卡帕的作品在英国还未有很大的名声。没过多久，我参观了他的两件作品，分别是老城堡博物馆和布里昂家族墓地。由此我更加确信，斯卡帕正是我的启蒙导师，引领我走上展览设计道路。

斯卡帕发掘了一处20世纪20年代的原始痕迹，剥去不合适的表层以露出更多的历史痕迹，然后不断修改自己的设计，以应对最有趣的发现。在整个过程中，斯卡帕成功地维系了头脑和视觉的清晰度，将新旧事物巧妙结合，创造出最优秀的作品，其整体效果远胜于各部分之和。

在老城堡，从走过庭院的那一刻起，参观者就进入精心安排的奇妙旅程。踩着维罗纳当地随处可见的普伦石来到展厅，再往上走，到达城堡的城垛。这是一种非常感官的体验。老城堡似乎浓缩了斯卡帕多年来学到的知识，本着对工艺的严格要求，对极简主义美学的恪守，促使这件伟大作品的诞生。

斯卡帕的思维过程很复杂，尽管呈现的结果总是很简单。他认为任何元素、建材或建筑外表彼此相邻或衔接的地方都需要有回应。或增厚或变薄，纹理要有变化或做抛光处理，还要考虑哪种元素占支配地位。

他从不试图同时做两件事，这样会使细节变得复杂——相反，他总是先完成一件事，然后才着手做另一件事。他也从不混淆过去和现在。在他看来，历史建筑有存在的理由，也应该被理解。在我印象中还没有哪位建筑师做过同样的事情。

斯卡帕显然对建造空间动态及展品动态投入了大量精力去评估。每一件艺术品的展出都经过深思熟虑，彼此间有着细微的差别。展馆设计一直致力于在参观者和展品之间建立非常私密的体验。为促进互动，展品的支架挑出于墙体，形同前伸的手臂。

一楼的雕塑展馆内，他打造了一个五室展厅。为了让参观者在室与室之间自如穿梭，通道都设计成石材包覆的拱门，石板巨大、厚重而有质感，通道的尺寸也非常人性化，大小与拱门的起拱线相匹配。

设计的方方面面都被考虑在内。在每一个稍显不对称的展厅里，在地板和墙壁交接处理上，他设计出自己独有的几何网格结构。宽度不一的网格线由混凝土和石头相间铺设而成，以适应不同的展览。这些网格线恍若穿过展厅的地平线，令你不由自主地放慢脚步，并创设出一种全新的可控动态。

古罗马式的露天小教堂，从展厅稍里处向庭院延伸，这显然可以理解为一种全新的介

入方式。走进小教堂感觉就像走进一个抛光的"石膏盒"，里面有鲜红色的地板，用来适应更私密的空间。在隔壁展厅里，他往前放置一座雕塑，打破了一览无余的视线。为了鼓励参观者来回走动，正面欣赏每一件作品，所有的雕像都面对面摆放。

丰富的细节设计来自他对每个具体展览场所的理解，也源于对建筑历史和内容的尊重。例如在第四雕塑展厅中，圣阿纳斯塔西亚大师所作的《受难的耶稣》一组雕塑作品中，耶稣雕像后面有一块T形金属块，我们解读为十字架。雕像的两侧各放置了两座雕塑。他只从T形金属块的顶部开了一个小缺口，这就足以使它从"T"变成十字架。巧妙的是，两侧的雕塑刚好填补了十字架下的空白。

建筑对清晰和诚实的渴望也随处可见。

例如，在底层走廊尽头的台阶上，有一个新的表面，他将下面的砖块显露出来，这样我们就可以把石头解读为新的一层。还有在安置假墙体的地方，假墙体被抬起，未接触地面，这样表明它既非自承重墙也不是承重墙。有人可能会说，细节达到这种程度有时未免过于繁琐。这也许有一定道理，但在我看来，这是个人处于巅峰时期创作的艺术品。为坎格兰德一世骑马雕塑而创作的布景是斯卡帕最伟大的成就之一，他勇敢地剥去营房原有的外层，把内部结构暴露在外。建筑的"内脏"似乎向外突破，形成雕塑悬挑的外部基座。在楼上的画室，斯卡帕故意忽略了墙壁的存在，把作品放在独立画架上展示，强调了对每件作品的亲密接触。

参观过所有伟大的建筑之后，你会觉察它们打动到你的那一瞬间，但却说不出原因。

在老城堡博物馆，我终于明白为什么第一次去那儿，斯卡帕的设计就影响到我的原因。即使在今天，每当遇到建筑难题，我总会联想他会如何处理。这是一个圣地，强大、沉稳、给人以思考——在如今这个疯狂的世界里，博物馆的每一个元素和展厅的每一件展品都有其存在的理由。

上图：博物馆庭院。博物馆历史悠久，可追溯到14世纪。1958至1964年由卡洛·斯卡帕修复。

右图：外包层为普伦方块石的露天小教堂，突出在院子的外立面上。这种介入是卡洛·斯卡帕创新的一部分。

展览装饰细节。斯卡帕非
常注意每件物品的展示方式，
使新的干预措施变得清晰。

修复的典范　老城堡是一座建于14世纪的佛罗那城堡，位于阿迪格河畔。在法西斯政权统治期间，前兵营在1924至1926年恢复，并重新开放成为博物馆，馆内收藏绘画、雕塑和其他艺术作品。第二次世界大战期间，博物馆遭到破坏，后由威尼斯从事博物馆翻新工作的建筑师卡洛·斯卡帕（1906—1978），在1958至1964年期间重新翻修。

斯卡帕用自己的方法识别并移除了任意添加的内容，并在可能的情况下揭示了建筑的原始结构，包括他自己设计的建筑。他为游客设计了一条特别的路线，带领他们出入于博物馆内外。在此过程中，游客可以以不同的视角去欣赏博物馆最重要的作品之———坎格兰德一世骑马雕塑。雕塑展厅设在一楼，绘画展厅在二楼。修复工作持续了好几个阶段，2007年哨兵步道重新开放。

一楼雕塑展览大厅。斯卡帕将一件展品的底座往前推,故意打破这里一览无余的视线。

楼上展厅的绘画作品通过画架展示。该设计意为鼓励个人与作品进行更多的互动。

詹姆斯·索恩在"外观粗野却给人愉快感官体验"的利物浦剧场扩建楼外，正是这座大楼让他明白了何为现代建筑。

利物浦剧场扩建楼

地点：英国利物浦

建筑师：肯·马丁（霍尔·奥多纳休–威尔逊建筑师事务所）

项目完成年份：1968

推选人：詹姆斯·索恩（橙子项目工作室）

利物浦剧场扩建楼的项目构思始于1966年，母亲正是那年怀上了我。大楼落成时的照片挂在父亲书房里，我每天都能见到。父亲是名结构工程师，这是他的第一个项目。就这样，我甚至连建筑是什么都没弄清楚，这座大楼就已在我的潜意识里根深蒂固。

我家住在威勒尔附近，所以在孩提时代我就去过剧场，当时觉得它很现代。大楼里面有迷人的餐厅，金属框架椅色彩明亮——印象中是粉色和紫色。我还记得当我沿着这个用新科技打造出来的流通空间向上走时，有种全然不同的新感受，与旧礼堂产生了强烈的对比。1978年，我还在那儿看了第一场演出——音乐剧《福音》，至今还保留着节目单。

大楼建于20世纪60年代晚期，当时整个城市都为之轰动。改造工程也因此遍地开花，直到20世纪70年代城市经济急剧衰落才告一段落。这幢扩建楼并不出名，但建筑不见得都是大师们精彩技艺的展示舞台，而应该是设计推陈出新的见证者。这幢大楼非同寻常，我认为还非常特别，它具有真正的当代性。它既不是复制品也不是仿制品，而是代表了与原来建筑完全不同的风格。它展现出来的信心着实令人赞叹。

无论你喜欢与否，这幢扩建楼仍然是现代主义非常强有力的声明——它无意成为高雅的现代主义，外观粗野却给人愉快的感官体验。到了晚上，灯光透过玻璃照射到大楼内部，可以看到里面人头攒动，人们吃喝玩乐，非常热闹。大楼的建造工艺相当传统。这是一幢原型建筑，从建筑文脉上讲却属于这个城市。两种类型偶然在此相遇，让我们看到了这座建筑。

我通过剧场扩建楼才了解现代建筑，而在此之前，我对此一无所知。它扩展了规划边界，促进了结构设计，但又都在预算之内，是一次实验性的尝试。而这些也是我们橙子项目工作室所追求的目标。

扩建楼不是首座使用流通和功能两个概念来决定形式的建筑，但却是此类建筑中一个生动形象的例子。它的作用还延伸到城市层面，因为人们走出"黑盒子"剧院来到广场，融入城市之中，使广场的边缘充满了动感和活力。从这个意义上说，人既是景观，也是观众——这是剧场的本质。

虽然扩建楼的设计源于功能需求，但不止于此。三根结构柱之间的相互关系使内部可以随意组合，空间非常宽敞。此外，材料的质感也很强——外露的混凝土、玻璃、黑框玻璃窗等，组成了当时非常难忘的内部装饰。

如今我重返剧院，很高兴看到剧院还保留着最初的模样。随着时间的推移，难免会出现破损以及小修小补。但是它的雕塑设计丝毫不过时，这些缺陷也根本不是问题，因为自身的力量已经足够强大。大楼不仅内部空间非常奇妙，外形也依然很震撼——巨大的窗户向城市延伸，突出在广场上空。尽管还有改进的空间，但已无需费多大力气。

20世纪60年代的明星 1968年，由霍尔·奥多纳休–威尔逊建筑师事务所的肯·马丁设计剧院扩建楼是对这座二级*历史建筑利物浦剧院最重大的改动。该剧院是默西塞德郡一带唯一一家至今还在使用的维多利亚时代剧院。

剧院最初由建筑师爱德华·戴维斯设计，并于1866年完工，当时被称为"明星音乐厅"。1911年，它成为利物浦保留剧目公司总部。1968年的扩建是为了建造一个新入口、售票处和餐馆，后来餐馆被取消了。

这家剧院在20世纪90年代末关闭，2000年在利物浦和默西塞德剧院信托基金的管理下重新开放。该基金还经营着本市的人人剧院。

斯蒂芬·霍德尔在位于诺维奇的塞恩斯伯里视觉艺术中心外，他说："它挑战了我所知道的一切。"

东安格利亚大学塞恩斯伯里视觉艺术中心

地点：英国诺维奇

英国建筑师：福斯特及其合伙人建筑师事务所

项目年份：1974 —1978

推选人：斯蒂芬·霍德尔（霍德尔及其合伙人建筑师事务所）

在建筑师的职业生涯中，总有某个时刻在探索自己的方向，寻求鼓舞和灵感。1978年，塞恩斯伯里视觉艺术中心就为我做到了这一点。在人们再度探索建筑文脉和传统价值的时代，这栋大楼重申了建筑的一些常量，证实了简单的想法也可获得丰富的内容这一理念。对展厅空间本质的再思考，让我意识到现代建筑也有不断自我改造的巨大潜力。

听说塞恩斯伯里中心时，我还在曼彻斯特建筑学院读大三，那时乡土建筑还是我主要的参照对象。

我们当时每个人都挑选了一座建筑进行分析，其中一位同学选择了当时刚刚竣工的塞恩斯伯里中心。仅凭他的分析，我很难理解这座建筑究竟如何做到同时容纳一个展厅和一个大学系部，何况这个单独的空间内似乎没有任何层次的流通模式。同年晚些时候，我参观了曼彻斯特惠特沃斯美术馆举办的"福斯特事务所"作品展，这进一步激发了我的好奇心。

我必须去实地看个明白。第二年，这个愿望终于实现。这次探访进一步加强了我原先对它的了解。中心和拉斯登大楼之间有一条通道，穿过通道可来到中心二层。大楼视野极佳，沿着螺旋式楼梯往下走，可以欣赏到360度全景。位于中心两边的湖泊和树林交替出现在眼前，移步换景，给初来乍到的人留下了美好的印象。除了令人难以置信的洒满阳光的空间外，中心还有一种虚无缥缈的特质。我记得一片绿光浮现在眼前，意识到这是倒映在天花板上树木的倒影。震撼的感官体验之后，我开始欣赏细节：位于两边以及天花板上的百叶窗条怎样调节才能给人以合适的视角，让人对大

楼两端的景色产生关注；钢框架结构是如何延伸到建筑之外，模糊了内部和外部；人为何会忽略自己置身于巨大的空间而完全沉浸在画廊艺术品的欣赏中。

我并不认为塞恩斯伯里中心是一座高技派建筑，尽管它的重要性体现在众多的技术首创。这个神奇而美丽的空间深深地扎根在现代建筑运动中，并没有任何牵强附会的风格。比它早一年竣工的蓬皮杜中心才是高技派的鼻祖。

福斯特之前设计了弗雷德·奥尔森大楼（1969）和现代艺术玻璃工厂（1973），塞恩斯伯里中心代表了这种理念的顶峰。对空间的灵活性考虑使中心各部分可依据要求随意组合。整幢建筑的设计历经一系列的决策变化才最终成型，包括使用净跨空间，采纳整体框架结构，以及后来三角形空心截面钢管桁架。桁架可围住大楼四周2.4米宽的"服务型"区域空间，如卫生间及其上面的空气处理装置。

为在不影响"服务型"主空间的情况下进行设备维护，中心的顶部设计为通道和台架。这一间隙空间的设计非常巧妙，自然光可从顶部洒入主空间。我还听说当初投标图纸初稿已完成，梯形桁架和间隙空间设计是最后一刻才做出的改动。

中心另一个瞩目点是整幢建筑并非理解为传统意义上的建造，而主要靠组装。地下室上方的所有部件都预先组装。整体框架结构预先完成后再运到现场，只须抬高到合适的位置进行钢接即可。好多年后，预制装配和干式建筑才大量出现。难怪美国建筑师巴克敏斯特·富勒在参观这座建筑时，提出这

么一个著名的问题："福斯特先生，您的建筑有多重？"

在我看来，这幢建筑也在团队合作的整体理念中占得了先机——团队合作密切，其中包括与结构工程师安东尼·亨特以及灯光设计师等其他顾问的合作。

中心建造的精准度也相当高，这对当时还是学生的我产生了巨大的影响。之前我从未见过结构玻璃栏杆，也未曾听说过无障碍玻璃液压升降平台。靠湖泊一侧的立面建筑玻璃翼片是当时最大的玻璃。侧板原先是镀银的，显然是受到雪铁龙厢式货车侧面的启发。卫生间也很漂亮，很明显是借鉴了波音747飞机上的卫生间设计。

福斯特与塞恩斯伯里伯爵夫妇之间建立的关系是这座建筑成功的基础。这种客户与建筑师之间的关系非同一般——为了弄明白伯爵夫妇的意图，三人经常一起参观画廊。据说福斯特提供了多种方案供他们选择，而伯爵夫人只是告诉他应该做自己想做的事。

不出所料，处于这种地位的建筑，人们对它的评价褒贬不一。它以非常特别的方式回应了客户的要求，并挑战了典型画廊的空间次序模式——可以想象塞恩斯伯里夫妇在自己家中观看藏品时的亲密感。艺术收藏品隔壁还有一个大学系部门，学生们可以随时参观贾科梅蒂和培根的作品。

对我来说，上次参观经历是一种觉醒，因为它挑战了我所知道的一切。在BDP事务所工作时，我的设计灵感起初就是来源于这座建筑，后来为英国天然气公司以及塞拉菲尔德、英国核燃料集团分别设计了银棚。

塞恩斯伯里视觉艺术中心的钢架设计意味着建筑主要靠组装，而不是现场建造。这是预制装配和干式建筑的先驱。

成立自己的事务所之后，我开始汲取建筑的抽象品质——形式、光线、技术、预制技术以及构思和组装。

继1979年参观之后，我故地重游。这幢建筑的构思和组合方式，意味着它仍然具有新鲜感，但并没有觉得它已有33年的历史。1991年的扩建也非常巧妙。然而可惜的是，最初靠近入口处的巨大的垂叶榕不见了。我也不喜欢靠湖泊一侧的玻璃立面被拉上了百叶窗，这让建筑看起来不通透，但新的白色覆盖层比我记忆中的样子要更挺括。

塞恩斯伯里中心开拓了新的建筑类型，同时也是斯坦斯特德机场的雏形。英国建筑评论家雷纳·班汉姆认为该中心与飞机场很相似，但仍然与艺术保持着亲密的关系，因为画廊重新为塞恩斯伯家中藏品打造了新家。

服务设施区域被设计在大楼的边缘部位，为的是创建巨大的无立柱艺术收藏品空间。天花板设计强调了视觉效果。

风尚棚屋建筑 罗伯特·塞恩斯伯和丽莎·塞恩斯伯把自己的艺术藏品捐赠给东安格利亚大学后，于1973年委托诺曼·福斯特为这些艺术品建造新家园。当初设想建造两座独立的建筑，一座用于艺术品收藏，一座用于大学设施，但后来合二为一，形成了一座大型建筑。

整座建筑造价420万英镑，大部分建筑采用异地施工，服务设施全部安放在宽2.4米的边环内，形成巨大畅通的内部空间——这个设计方案是在最后时刻定下的，令人叹为观止。

1985年，铝制肋条覆层板上出现裂纹。1988年，覆层板被替换，改用平滑的白色面板。该中心属于二级*历史保护建筑。1991年，中心扩建，工程师安东尼·亨特及其合伙人事务所设计了半地下建筑——新月翼楼。

罗杰·霍金斯（左）
和拉塞尔·布朗（右）在
鹿特丹"有趣又复杂的"
康索艺术中心门口。

康索现代艺术中心

地点：荷兰鹿特丹

建筑师：大都会建筑事务所

项目年份：1987—1992

推选人：拉塞尔·布朗和罗杰·霍金斯（霍金斯–布朗建筑师事务所）

拉塞尔·布朗

康索现代艺术中心在建时，大都会建筑事务所的雷姆·库哈斯曾在建筑联盟学院谈起过它，当时我们也在现场。1993年，我们俩一起去实地探访，不禁为之震撼。2002年，我们把整个工作室搬到了这里。

现在康索周围的地区非常繁忙，但是我们第一次来到这里的时候，建筑外表看上去阴沉暗淡，感觉建造地点很偏僻。现在周围发生了很大的变化，好像这座建筑促进了鹿特丹这个区域的发展。

康索以复杂的结构和使用与众不同的材料而闻名于世。大楼造价并不昂贵，库哈斯向我们展示了用简单的方法建造大型建筑完全可行。每当库哈斯谈起这座大楼，它留给人的印象总是非常混乱，充满了妥协，但实际并非如此。它如同一个有趣又复杂的人，机智幽默但不讲无聊的俏皮话，洞悉一切却天真无邪，富有人情味但却简单朴素。

建筑平面图设计得非常用心，既有沿斜坡道穿过中心的公共流动路线，又有建筑内部沿着平行斜坡道的私密流通路线。大楼在不浪费一寸空间的情况下，通过内外流通路线的对应和对比，挑战了室内和室外的一切可能。

大厅内，陡峭的坡道可继续向上穿过礼堂，也可向下到达咖啡厅和展览厅。坡道的方向随着空间的变化而变化，而不仅仅只是起到循环空间的作用。

我喜欢礼堂，因为里面的椅子五彩斑斓。荷兰艺术家皮特拉·布莱斯设计的窗帘非常漂亮，具有很强的私密性，同时又不妨碍空间循环。礼堂的设计很复杂，空间内既有循环又不空旷，层层叠加，这种设计很冒险。坡道到达礼堂最上方后转弯并继续向上。人置身于其中，视线被不同的空间所吸引，形成复杂的层次感并相互渗透，所以会感觉房间缺乏完整性。

大楼的南立面上，库哈斯沿着道路设计了一排长短不一的柱子，就像结构图中类似于现代主义建筑立柱的经典排列。这是一幢结构极其复杂的建筑，也是对内部空间探索的尝试。在礼堂里，有一排倾斜的柱子从斜坡上插下来，本以为会继续往下，但从结构上来说没有必要，所以在半空戛然而止，悬挂下来的柱子就成了灯具装置。

在主展厅较低层，库哈斯用镂空的树木包住钢柱——这是对室外公园超现实的写照。建筑的结构本身就如同装饰物，也可以是另一层次的表达方式。整座建筑的理念已经深深融入结构内部，建筑师们功不可没。看到这一切我们感到非常羡慕，雷姆一定很有说服力。要是在英国，如果建筑的每一个立面都像这幢大楼一样使用不同的玻璃和建材，客户们可不会对你有这么大的信任度。

罗杰·霍金斯

初次见到这座建筑，我就觉得它非常出色，现在依旧有这种感觉。我喜欢充满智慧和个性的建筑，康索现代艺术中心就是这样一座建筑物，相当有趣，简直在玩超现实游戏。

它的建筑平面图很简单，中心被分成四个空间：一个大型空间，一个中型空间以及两个小型空间。伫立在外的塔楼显示入口处，很多元素参与其中，但放在一起却非常和谐。参观这座大楼是一次兴奋的体验，很明显游客们也确实喜欢置身其中。

比起外部构造，库哈斯投入了更多的精力在内部空间的打造上，在我看来没有多少建筑师能真正做到这一点。大楼的设计把更多的关注点放在散步的概念和内部不同空间的相连上，库哈斯给人的印象就是他打造的不是一座建筑，而是一系列的舞台布景。我从来没见过这么陡的斜坡——坡度比一定是1：12，要是放到现在，负责健康和安全的官员们肯定会吓坏，但这样的坡道确实起到了很大的作用。康索的设计也十分注重内部质量——包括对自然光的运用，还有对细节的关注，如栏杆、礼堂里的漂亮窗帘以及不同类型的立柱。所有的元素都感觉在玩空间游戏。

多年来，库哈斯对我们的影响非常大。他曾做过电影制作人和记者，利用这一背景，他往往联系艺术谈论自己的建筑，这一点令我们很欣赏。科比立方体市民中心在我们看来和康索一样，内部空间更大。平面图很简单，但是内部很丰富，一条坡道穿过大楼环绕整个空间。

很多建筑为了均衡造价成本指数，所以往往会降低质量，但这不是建筑师设计平庸建筑的借口。雷姆在康索上突破了界限，同时使用廉价和昂贵的建材，比如在建筑外部波形塑料板的一圈周围就用了灰华岩。我们设计的达尔斯顿文化馆就是对这种想法的致敬，用了类似的塑料薄膜筛，但颗粒更细。

上图：一楼咖啡厅，原始的混凝土天花底层装有旋转的照明灯饰。

右图：从礼堂往下看，可看到左下层的书店。

康索还表明只要花点心思就可以将廉价的材料表现出更多的内容。在诺丁汉的新艺术交流中心，我们就借鉴了康索安装灯光配件的方法，把凹槽直接嵌入混凝土天花板内来降低灯具的成本。

我们常常把库哈斯的作品看作自己事业的起点，尤其是康索艺术中心。这是一座充满智慧又野心勃勃的建筑，一座真正受益于多年来精耕细作的建筑。我们喜欢康索，相信今后还会再来。

展览馆的游戏 康索现代艺术中心是大都会建筑事务所的首批主要建筑项目之一，与结构工程师塞西尔·巴尔蒙德合作，于1992年竣工。艺术中心的展览区域面积为3300平方米，为临时展览安排了三个大厅和两个画廊。

这座7000平方米的建筑位于堤坝的顶部，毗邻鹿特丹繁忙的高速公路——马森大道，北边为博物馆公园。一条人行坡道从南到北穿过建筑，而在顶部则有一条东西走向的公共道路。

方形平面图被分成四个部分，由一条螺旋上升的不间断路线连接起来，可以穿过大楼的不同楼层。中心视线丰富，可以看到上下、左右、内外的不同空间。有时公园的景色尽收眼底，有时还可以瞥到其他楼层。整座建筑充满了惊喜和矛盾。大楼没有单一清晰的主立面，每一个立面都有不同的设计。

鲁塞尔·柯蒂斯（左）、迪特尔·克莱恩（中）和蒂姆·莱利（右）在巴黎东京宫一楼展厅内。

东京宫

地点：法国巴黎

建筑师：拉卡通-瓦萨尔建筑师事务所

项目年份：2002（第二阶段2012年）

推选人：鲁塞尔·柯蒂斯、迪特尔·克莱恩和蒂姆·莱利（RCKa建筑师事务所）

迪特尔·克莱恩

从许多层面上讲，东京宫都非常了不起。它是永久性场所，却用来举办临时性展览；它是一家机构单位，却没有机构常见的迂腐。混凝土框架优雅地裸露在外，正式宽大的空间展现出随意自由的内涵。

与其他雄伟建筑不同的是，它揭示了赋予其个性的缺陷和气质，颠覆了展览馆建筑宏伟的装饰艺术风格。这是建筑的再想象，既有令人耳目一新的民主性，又受到大众的欢迎：反自我，也几乎是反建筑的。

拉卡通和瓦萨尔两位建筑师展示了有关建筑更宽泛的观点，即建筑的用途比其本身更重要。我认同这一观点，同时也对民主空间和建造社会反响良好的建筑的潜力感兴趣，以便赋予其能力并丰富其内容。

我现在了解到，拉卡通和瓦萨尔也采用了类似的设计方法——他们与人进行广泛而持续的交流，指出设计的不足。这当中既有在设计办公室内部的对话，也包括和利益相关者、受益人和100多位合作者之间的交流。有了艺术家和社区之间的密切协作，难怪东京宫这么深入人心，其空间对许多人来说都具有非凡的意义。

东京宫的设计具有极大的灵活度和可渗透性，与塞德里克·普赖斯的玩乐宫设计目的相似——鼓励游客走进展厅，与艺术家和艺术无缝对接。在英国，理念上与它最接近的也许就是皇家节日大厅的门厅。

建筑师的灵感来自马拉喀什中心的杰马夫纳广场，他们希望东京宫也能够同样具有各种功能。

我们为刘易舍姆委员会设计的TNG青年社区中心与东京宫有一些明显的相似之处。该中心旨在提供积极、活跃和包容的空间，让用户有种归属感。为了达到这个目的，场所的背景既不能过于规范又不能过于丰富。它不是建筑的最低要求，而是一种必备属性——简单、高效且完全清晰。

建造过程中建筑师们发现大理石立柱内衬有些松动，但他们既未移除原来的立柱，也未重新安装新的立柱，而是选择简单的金属板固定。再也没比这更便宜的了，但效果极佳，显得更加美丽和丰富。

现在这幢建筑更能引起我的共鸣。自从成立RCKa事务所后，我才意识到要像拉卡通和瓦萨尔一样冲破重重障碍，坚持自己清晰的想法，去实现目标真不是件容易的事。

蒂姆·莱利

在东京宫，拉卡通和瓦萨尔超越了建筑师的角色，他们反而更像是大楼的监护人，对客户的需求有全面和战略性的了解。

建筑的灵活性和适应性为设计的主要驱动力。拉卡通和瓦萨尔并没有硬性规定何种艺术类型非要在某个特定场所来展示，相反以谦逊和远见提供了一切皆有可能的基础设施。在这个项目中，重要的不是建筑师做了什么，而是决定什么不该做。

展馆有严格的规定，禁止把基本元素排除在外。为保持整座建筑内的视觉连续性，建筑师们的干预做到尽可能透明。循环路线也不"独断专行"，人们反而可以自行决定探索的过程，觉得哪儿最有吸引力就去哪儿。展馆主要是一系列灵活的空间，为即将在这儿发生的事情提供服务，各种展览可随时即兴登场，充满了一切可能性。

在展馆内部，空间并没有因为声音而缩小。一般来说，为减少回声，大型空间内传音效果会受到控制，但东京宫只会突出声音的存在。因为所有的声音混在一起会变得很模糊，这增加了展馆的非正式性，也正是民主性的一部分——你可以做任何事，所以不必因为这种传音效果而惴惴不安。

展馆摒弃了原先宏伟的入口，而有意把前门入口放在大楼二层，让人觉得不会那么紧张。这也是它民主精神的体现。当游客走进大厅，发现大楼门口雄伟壮观的壁画后面竟然是一个大型"游乐场"，脸上会露出惊讶的表情，这样的感受会是多么美妙。

鲁塞尔·柯蒂斯

只有当2011年RCKa事务所进入青年设计师年度奖项面试流程时，我们才真正开始汲取公共建筑设计的精华，这座建筑与拉卡通-瓦萨尔建筑师事务所的作品之间的相似之处才逐渐明显起来。

拉卡通和瓦萨尔在这个项目中投入了大量的精力，建造之初就把办公室搬到现场。与这座建筑的朝夕相处是一个绝佳的机会，它可以充分理解和回应原有的建筑肌理。所有的设计

东京宫入口。该建筑
为展览馆，最初为1937年
国际艺术与技术博览会而
建造。

都具有目的性，不作武断抉择，也没有任何修饰的痕迹。设计也不照搬教条，而是一种从小到大，有回应的解决方案。

建筑师们严格遵循不呈现任何技巧的原则，倾向于保留多数已有的层次，并作适当添加。好在它并不属于珍稀建筑，不必担心对它下手，因为它也不是第一次经历敲打改建了。这一点不同于它的邻居——现代艺术博物馆，它的白色立方体展馆从未经过任何改建。

虽然第二阶段的预算更充裕，但建筑师们还是坚持同样的方法。尽管建筑规模宏大，却让人感觉很亲切。他们曾谈及从农业建筑中找到灵感，我们可在一些细节里发现，比如顶楼展馆的屋顶灯。

作为展馆建筑，它的服务功能却被大大削减。因为建筑师们知道空调安装少不了安装庞大的输送管道，这不但会是一大笔开销，而且视觉上也会造成障碍，所以他们省略了这个装置，并放置了大量的建模来表明没有这个必要。

裸露在外的混凝土结构特别有吸引力，保持其最初建造的状态有很好的效果。通过剥离原始设计中的建筑表层，仅用薄薄的大理石贴面，建筑师们让我们思考建筑真正的重要性：空间、光线和用途。

在展馆入口的门厅，
可以清楚地看到剥离了原
先展览馆的表层装饰，露
出建筑原有的肌理。

粗犷的展览馆　尽管东京宫成立于2002年，但它的前身与现代艺术博物馆一样，是一座装饰艺术风格的建筑，建造于1937年。作为当时国际艺术与技术博览会的一部分，它位于埃菲尔铁塔附近。

博览会结束后，它被用作艺术场所，但后来几经改换。1995年，曾尝试将其改造成电影院，但最终该意向未被采纳。这座建筑关闭了好几年，直到在法国政府的督促下才恢复其展览的功能。

来自波尔多的拉卡通–瓦萨尔建筑师事务所在设计竞赛中拔得头筹，为其中面积为7800平方米的部分修复改建，造价为300万欧元。该展览馆致力于新兴的当代艺术场景，被认为是"探索发现"的空间。刻意粗糙的内饰，现成的展览场地，它从未被认为是成品，而被看作一个可发展的空间。2012年的二期改建项目仍由该事务所担任设计，展览场所面积达1.65万平方米。

私人住宅

西蒙·赫兹皮思在德
罗戈城堡屋顶，这是一座
汲取了中世纪城堡经典特
征的建筑。

德罗戈城堡

地点：英国德文郡德雷斯汀尼顿

建筑师：埃德温·卢提恩斯

项目年份：1911——1930

推选人：西蒙·赫兹皮思（潘特-赫兹皮思建筑师事务所）

德罗戈城堡是集隐喻和荒唐为一体的奇怪组合，但建筑师爱德华·卢提恩斯却能很好地平衡两者。

卢提恩斯以出色的乡村别墅设计而出名。这些建筑坚固牢靠，有其特定的规律——但我认为一旦卢提恩斯把建筑抽象化，他就会创作出最好的作品，就像德罗戈城堡那样。在德罗戈，处理的问题要复杂得多——这不仅仅是一所被花园围墙包围的伦敦周围郡县大宅，还是一座对周围风景产生深远影响的住宅。只要人从附近乡间走近，就可以看到城堡伫立在如画的风景当中，非常显眼。此外，城堡处理的象征手法也非同一般，因为主人对城堡怀有浪漫的想法，而卢提恩斯则力求为客户浓缩历史。

在某些方面来看，德罗戈是一座男爵式城堡，它体现了地主绅士阶层想拥有社会地位的想法。这也非常契合英国人自古以来的观念，他们一贯认为"一个人的家就是他的城堡"。这是建于英格兰的最后一座城堡，委托人是事业有成的杂货商朱利叶斯·德雷，33岁就功成名就，赋闲在家。他希望从自己开始，能建立自己的世家门第。德雷家族与德文郡的德雷斯汀尼顿村有一定关联。德雷买下了原本属于德罗戈德泰因的地产，面积达180公顷，并以德罗戈命名自己的城堡，目的是要建立可代代相传的家族财产。据说德罗戈是征服者威廉的追随者。

得益于卢提恩斯的设计，德雷最终买到这份遗产，这是一个有趣的开端。德雷对城堡有种浪漫的想法，认为卢提恩斯应该把城堡设计成居家住所。整幢建筑中有许多象征着城堡的标志，但它们往往不是从字面意义上去理解。

从某种程度上说，这个荒唐的想法无非就是使城堡更有历史感而已。当时欧洲当代建筑思想潮流风起云涌，而德罗戈在某种意义上是反现代运动思潮的。

然而神奇的是，通过对"城堡味"传统符号的巧妙使用和机智阐述，卢提恩斯成功地避免让德罗戈沦为愚蠢荒唐建筑的下场。这所房子的入口最像城堡，门口有纹章狮子，城堡吊闸和塔楼——有很多都铎王朝时的建筑痕迹，尤其是窗户的比例。

随着项目的进展，我看出卢提恩斯对房子荒唐的一面越来越不感兴趣，对"城堡味"的解释反而兴趣渐浓。

他开始对细节进行抽象化处理——为弱化城堡原有的特点，城墙上的垛口砌得更低，整体墙面垒得更平整。

卢提恩斯还改变了中世纪城堡的典型特征，比如箭槽，现在被解读为凿在石头内的一条狭缝而已。雕刻的概念得到强调。城墙刚砌时底部是一块大石头，随着高度不断地增加，变得更加精致和清晰，顶部如雕塑般精美。他还时不时凿开城墙合适的位置，安排入口处、壁龛或凸窗台阶。

室内设计中，卢提恩斯遇到了一个难题，因为他的客户不断改变自己的主意。尽管城堡建筑面积只有原计划的三分之一，但他依然设计出一系列非常漂亮的房间。卢提恩斯擅长对尺度作变形处理，他经常选用城堡传统的特征，如石拱门、飞檐和凸窗，然后改变尺寸，打造出更加精致而私密的氛围。

楼梯向下通往餐厅，宽阔而有气势，楼梯两旁贴有花岗石，也开有凸窗。这些都是城堡

的标记，但一旦往里走就感觉是普通的居家模样。这种判断很正确，即使厨房也表现出这种模棱两可——厨房宛如"食物教堂"，穹顶天花板，吊灯照亮圆形"备餐"桌，旁边是一排木制平板架，好像唱诗班。

25年里，我共参观过德罗戈城堡4次。尤其是2002年，我们潘特-赫兹皮思建筑师事务所为林肯博物馆设计前期作品时，德罗戈对我的帮助很大。那时我们刚好在约克郡工作了5年，那是一座古老的中世纪城市。我们对当代建筑融入历史背景非常感兴趣，花费了大量时间研究中世纪城市。我们发现许多建筑即使没有任何规划员的监督，也可以做到对历史的理解和尊重，真是非常了不起。

林肯博物馆位于林肯山的半山腰，与山顶的历史区和山脚的工业区形成联系。我当时在寻找能体现历史感、处理历史问题的建筑，终于找到德罗戈城堡这个参考对象。卢提恩斯在城堡设计中对历史图像做了抽象处理和重新诠释，这种想法非常有用。另一个灵感则来自德罗戈表现出来的材质感，特别是石头的精细工艺。

参观德罗戈城堡是一种体验。这不仅是个游览胜地，也曾是个最佳居住地。但它的最有趣之处在于，即使建筑没有完工，它也不像中世纪的城镇一样驻足不前，缺乏发展的动力。城堡的建造过程意味着永远不会完全竣工，而是随着时间的推移，由不同的人不断添加不同的部件，在数百年间缓慢演变。德罗戈就花了20年时间才完工，这对一座当代建筑来说或许耗时太久，但对一座城堡来说却根本不算什么。然而如今我们的做法只是通过一张历史保

护建筑清单来冻结这些文化遗产，而不是由它们像过去那样发展。

德罗戈城堡是最后一座躲过这种命运安排的建筑，因为到20世纪30年代城堡完工时，让建筑缓慢演变的传统还未消失。

城堡的南立面。卢提恩斯最初的设计包括了朝南的大厅，但是最终没有建成。

德罗戈城堡正门入口处有一座吊闸和一个狮子纹章浮雕，这些都是体现城堡雄伟的主要特征。

建筑遗产 德罗戈城堡作为最后一座在英格兰建成的城堡而声名远播，建筑师为埃德温·卢提恩斯，为家居与古董商店的创始人朱利叶斯·德雷设计。这座位于泰恩河谷上面的一级历史保护建筑，建造时间长达20年。城堡最初的设计要比现在大得多。

尽管建筑外部建成城堡模样，内部装饰还是反映了德雷对创新的兴趣，从设计之初就包含电力设施和电梯。室内没有像其他城堡那样宽大的厅堂，地下室为一座小礼拜堂和枪支保管室。卢提恩斯还设计了花园，由园林设计师格特鲁德·杰基尔负责花草树木的栽种。

城堡建成后仅过了一年，德雷就不幸去世。1974年该城堡由国家信托托管，这是该组织托管的首个20世纪建造的房产。该组织目前正在监管造价达1100万英镑的改建工程，主要处理城堡不间断给水系统。

左上图： 花岗岩拱顶的主楼梯，往下走通往餐厅。

右上图： 被设计成"食物教堂"的厨房，穹顶天花板，圆形"备餐"桌上的吊灯。

右图： 入口大厅。相比城堡的雄伟外观，大多数内部装饰有居家的特点。

上图：最近修复的E-1027别墅，可俯瞰法国里维埃拉地中海景色。约翰·图米第一次参观这座房子时，觉得它是一座"诗意般美丽"的废墟。

对面图：室内有勒·柯布西耶的壁画。别墅完工10年后，柯布西耶做客别墅。

E-1027别墅

地点：法国罗克布吕讷-卡普马丹

建筑师：艾琳·格雷

项目年份：1926 —1929

推选人：约翰·图米（奥唐纳-图米建筑师事务所）

20世纪70年代，艾琳·格雷重新出现在人们的视野是在都柏林爱尔兰银行举办的一场她的作品展览，那时我和希拉·奥唐纳还在都柏林上学。

格雷是位了不起的建筑师兼设计师，她是一名开拓者，也是一名前期女权主义者。我们钦佩她的角色，并着迷于她的作品——微妙而敏感。格雷才华横溢，兴趣广泛，从日本漆器到家具再到建筑，无一不涉及。但她性格孤僻，离群索居，这更加激起了人们的兴趣。同时我们也是勒·柯布西耶的狂热追随者。促成我和希拉合作的原因就是两人去巴黎参观纯粹的早期现代住宅，并一路追寻格雷作品的踪迹。

大约15年前的一天，我和希拉开始了一场短暂的建筑朝圣之旅，来到卡普马丹探访E-1027和柯布西耶的小木屋。到了E-1027，我们绕着房子走了一圈想进去，结果却被一条凶猛的看门狗拦住了去路。院子里杂草丛生，凌乱不堪，房屋年久失修，看起来像船的遗骸，但是漂亮又稳健。在我们眼中，这一切有种诗意般的美丽。

房屋所处的位置非常偏僻，我们去之前根本没有想到E-1027其实离柯布的小木屋非常近。E-1027落成后过了30年，柯布西耶才建造小木屋，但当时他去E-1027做客时想必早已见到过这块邻地。艾琳·格雷对空间和材料肌理有着极其奢华的鉴赏力，而柯布西耶对自己有种斯巴达式的简朴苛求，这在他的小木屋中有清晰的体现。

希拉和我都仔细研究过E-1027，我们特别欣赏格雷在序列空间或多中心空间的打造上有着独到的鉴赏力。格雷的房屋平面图画得很漂亮，她还在平面图上画出人移动的线条，表示人在空间内的移动轨迹。例如，人先来到衣柜边，然后移到窗口，再往前走等等。线条体现了日常生活的固定习惯。思考如何按次序以及线条的方式体验空间是非常有趣的，这就是她的独到之处。

房子现在已经得到修复，我也有些顾虑，不知道该不该再去探访——有时候记忆中诗意般的废墟以及想象中的模样比修复后实际看到的更生动形象。但是总有一天我们会去，而且不仅仅要从外面观看，还要进门欣赏里面的装饰。前往那里的旅行可到达E-1027和柯布西耶的小木屋，也可前往附近（后来被迁到斯莱戈）的威廉·巴特勒·叶芝墓。因为战争爆发，叶芝埋葬于此。这对旅行途中的爱尔兰建筑师来说，还有什么更多的需求呢？

梦幻别墅 E-1027是由爱尔兰设计师艾琳·格雷（1878—1976）和她的伴侣让·巴杜维奇在1926至1929年间共同设计的度假屋。它的名字来源于两人名字首字母在字母表中的排列位置——"E"代表艾琳（Eileen），10为字母"J"，2为字母"B"，7为格雷（Gray）中的字母"G"。

这座现代派的别墅位于法国里维埃拉沿岸的山坡上，共有两层，带个露台。房间内有格雷设计的内嵌独立家具，其中包括著名的E-1027侧边桌。勒·柯布西耶后来在附近建造了小木屋。1938至1939年他受巴杜维奇之邀，做客E-1027，并送去了自己创作的壁画。这所房子在公有化之前长久无人过问。如今，房屋作为卡普马丹现代建筑群的一部分而得到修复。

乔纳森·伍尔夫在兰格楼——克瑞菲尔德红砖双别墅之一，该建筑帮他清楚地了解自己的设计工作。

埃斯特楼和兰格楼

地点：德国克瑞菲尔德

建筑师：路德维希·密斯·凡·德·罗

项目年份：1927—1930

推选人：乔纳森·伍尔夫（乔纳森·伍尔夫建筑师事务所）

1998年，我受委托在伦敦北部的汉普斯特德郊区设计一所房子，这所房子后来被称为"砖叶屋"。客户最初想要一座白色现代主义展馆，但考虑到它的位置，我们的方案是使用砖块。由于我从未设计过砖砌建筑，所以开始着手研究这类建筑，并前往克瑞菲尔德参观由密斯设计的两座相邻住宅。

我到那儿时，这两座住宅正在进行修复，整个结构暴露在外。透过铁丝网往里看，结构一览无余——钢梁和立柱由螺栓精心组装在一起，撑起所有的砖块和地板，就像两艘重达50吨的巨型战舰。复杂的混合体启发我在"砖叶屋"中也使用类似的结构。

通过这两幢建筑，还有一个秘密也随之揭开——密斯试图把它们从自己的作品集中隐藏起来。他想被人理解为新的古典主义者，凡是不符合这个概念的作品自然被排除在外。我在求学期间研究密斯时，甚至都没有听说过他在克瑞菲尔德设计的房子。直到1995年，建筑批评家肯尼斯·弗兰普顿的文章《密斯·凡·德·罗：前卫与连续性》才把它们重新归到密斯的作品中。

建筑以成对的方式出现在大众面前，也让人很感兴趣。因为"砖叶屋"原本也是两兄弟的两幢住宅，所以我的目的就是探索两者之间的联系。参观这两座建筑也是一种测试方法，可以判断设计两幢并排建筑的合理性。

两所房子的平面图既不属于古典主义，也不纯粹是现代主义，彼此之间都略有不同。在对外公开的平面图中，房间被标注为"男人房、女人房、儿童房"，我之前从未遇到过这么明显的功能性划分。但主客厅放在临街的北

面而不是朝南面向花园，这引起了我的好奇。

很明显，主客厅被构思成类似于店面的娱乐活动区，而日常居住的房间则朝南，面向花园。看起来客户想要把两个区域分离，打造两个独立的空间。

在二楼，虽然每幢楼的卧室数量上都一样，但兰格楼有浴室套房，这样势必降低了过道天花板高度和建筑物正面高度，空间显得有点局促。而埃斯特楼则选择中央过道，把浴室放在房间外，所以立面护墙高度保持不变。埃斯特楼六间卧室中有五间是连在一起成行排列的，但兰格楼的卧室都没有这种设计。两幢房子中，所有外墙几乎都未竖直排列成行：空间的构成是一种先天语言，结构的寓意会被有意识地违背。几十年来，随着密斯的建筑逻辑逐渐被解析，这个项目成了他所有作品中最有影响力的"涂鸦之作"。

也许密斯倒是更愿意只设计一幢建筑，因为两幢房子放在一起，往往会凸显矛盾。再说，兰格是一位非常有影响力的实业家，他在密斯后来的十个设计中发挥了重要作用，显然不能与他闹翻。

密斯的不满似乎是种普遍的不安，而不仅仅因为没有使用更多玻璃而感到沮丧。两座楼为客户解决了实际的问题，其结果更像是一种妥协。

当然，你也可以把它们想象成家。不同的居住房间都有宽敞的空间。在花园一侧，楼房往内缩，形成锯齿状边墙，为的是让房屋的日晒面积更大。据说密斯对窗户的尺寸太小感到很沮丧，但是我们去现场发现这些窗户其实都很大，光线充足，窗外景色尽收眼底。这些开

口尽管尺寸巨大，但丝毫不影响房屋的牢固程度（墙有60厘米厚）。

这两幢楼一直都是展示艺术品的地方，这也解释了密斯被要求提供大量外墙空间的原因。他向我们展示可以有阔绰的窗户，还可以有宽大的外墙。通过这种方式，房子可以达到密斯其他作品所不能达到的私密性，而我就喜欢无法一目了然的建筑。

私家住宅似乎是展示建筑师设计作品的绝佳机会，但也可能是终极挑战，因为每个人的居住方式都很独特。考验这种建筑好坏的标准在于它是否可以胜任除住宅之外的其他角色。一座好的建筑应该能够超越其最初的设计目的，承担更多的功能。

我很好奇，艺术家们是如何把这两座楼看作是可回应、可重新诠释的场所，而不仅仅是悬挂自己作品的地方。恰恰正是由于建筑呈现的模糊性，才达到了这种效果。

从克瑞菲尔德回来，我发现其实并没有什么特别的可取之处，因为这两件紧挨在一起的作品设计相仿。与此同时，我的"砖叶屋"客户就他们想要的东西讨论得越深入，就越有理由把这两座房屋合二为一。我当初已经在考虑使用钢铁，只是想亲眼目睹这些密斯建筑的内部构造。事实上也证实了这个方法很不错，因为我发现除了钢铁以外的任何建材都很难创造出大跨度。

很明显，密斯在与客户的斗智斗勇中，有些地方占了上风，有些却败下阵来。重新研究这两座楼，感觉它俩就是密斯对自己的理念做变位游戏而已。

双混合型建筑　富有的纺织品制造商兼艺术品收藏家赫尔曼·兰格于1927年委托密斯·凡·德·罗设计了一座私人住宅。结果，兰格的朋友赫尔·埃斯特也委托密斯在隔壁设计住宅。

　　这两幢别墅最先都被设计成"博物馆"来展示两位主人的私人收藏，虽设计不同，却相辅相成。然而密斯却认为房子设计得不够成功，不愿提及它们。直到十年前，在纽约现代艺术博物馆举办的一场密斯作品展览中，它们才被收入在内，并得到广泛的认可。

　　自1955年以来，在兰格楼举办过多场艺术展览。而埃斯特楼自1981年起则成为克瑞菲尔德艺术博物馆的一部分。20世纪末，这两座房子都进行了大规模的修复。

左图： 靠花园的房间向内缩，房屋呈锯齿状。

对面图： 兰格楼，左侧为埃斯特楼。两幢房子设计成一对，相似但不完全相同。

119

玻璃屋因其发明创
新和技术奇迹以及半透明
的玻璃砖幕墙而受到理查
德·罗杰斯的赞赏。

玻璃屋

地点：法国巴黎

建筑师：皮耶·夏洛和伯纳德·毕吉勃

项目年份：1927—1932

推选人：理查德·罗杰斯（罗杰斯–斯特克–哈勃及其合伙人建筑师事务所）

我在建筑联盟学院最后一年的导师彼得·史密森曾向我提起玻璃屋。1959年，我和前妻（当时还为女友）苏前往巴黎参观了这座漂亮的房子，并为之着迷——我在建筑设计杂志《多莫斯》上发表了我的第一篇文章就是以它为主题的。如今这座房子仍然是我的灵感来源。

大约15年后，露丝和我定居在巴黎，且怀上了我们的儿子鲁。她的主治医生威利是让·达尔萨斯的女婿，而达尔萨斯医生就是玻璃屋的主人。和自己的岳父一样，威利也在玻璃屋内行医，所以我利用登门咨询体检的多次机会重新认识了这座神奇的建筑。

玻璃屋和任何一所普通房子都不一样，后者往往把窗户分别安装在每一层楼。而玻璃屋的玻璃砖结构创造了单一完整的立面，非常像日本的屏风，看上去很透明，但就像切割水晶一样呈半透明状，无法看清楚里面的一切。东方的设计元素以及透明度概念的运用正是这所房子令人颇为兴奋的原因之一。

由于顶层住户在当初建造时拒绝搬离，所以用一根柱子用来支撑顶层平面，这是大楼为数不多的几个固定元素之一。它的牢固度与半透明的幕墙形成了鲜明的对比。柱子靠近入口，涂成红黑两色，大螺栓裸露在外。你可以理解、欣赏，甚至触摸——这是一件真正的艺术作品，一件因为受限却释放创造力的经典作品。

主楼梯在我看来可能是20世纪最伟大的楼梯，踏上阶梯的那一瞬间便进入了对玻璃屋探索的精彩篇章。控制门开关的精细金属线、新型的铰链都是发明创新和技术奇迹。沿着楼梯往前走，一路上就像踩在一块神奇的地毯上，地毯随时都会飞走，把你引入会客厅。

从会客厅往外看，半透明墙上的光线很充足。光线通过玻璃折射出均匀的亮度，柔和而绚丽。立柱有好几根，支撑着楼上的公寓和设计独到的窗户。

参观玻璃屋就像置身于美丽的灯笼内——一切都在发光、移动、变化着。这是现代主义的一种技术表达方式，20世纪30年代以及之后的一段时间内都没有谁可以与之匹敌。所有的窗户只需转动一个把手就可以轻易同时打开。大楼中的另一台机械设备——一台小型移动楼梯在建造时由于考虑到经济成本，所以要用最少的材料力争做到最好。

作为客户的达尔萨斯医生能理解建筑师的设计真是很了不起——他这是在冒险。我想不出有哪个客户会接受在外墙上安装一块玻璃砖的建议，尽管我也有一些很棒的客户。

但达尔萨斯医生有一个非常出色的设计团队，他们提出安装玻璃的建议，他们一起达到了我认为只能与西方文化鼎盛时期相媲美的启蒙时刻。在我看来，玻璃屋的确有这么重要的地位。

玻璃灯笼屋 玻璃屋是为医生夫妇让·达尔萨斯和安妮·达尔萨斯建造的，用于家庭居住和妇科诊疗。将原来的一幢18世纪建筑进行改动设计，在保留顶层公寓（其居住者拒绝搬离）的情况下打造新的住所。其解决方案是在底层凹入式庭院内采用突出的钢框架作大楼后侧外立面，并由大块玻璃完全覆盖。大楼内部的主会客厅为双层高空间。

内部装饰由建筑师伯纳德·毕吉勃携家具设计师皮耶·夏洛和金工匠路易·达博特共同设计，特点是配件细节丰富，包括移动隔板，还有从起居室到达尔萨斯夫人卧室的可收缩梯。

20世纪30年代，这所房子曾一度是巴黎知识分子的流行沙龙。之后业主们为了躲避纳粹不得不逃离巴黎。2005年，美国收藏家罗伯特·鲁宾从达尔萨斯家族手中买下这幢房屋，随后对其进行修复。

大卫·科恩在内基别
墅的花园房间。玻璃窗格之
间长满了各种碧绿的植被，
房间像镶嵌在花园里。

内基·坎皮里奥别墅

地点：意大利米兰

建筑师：皮耶罗·波尔塔卢皮

项目年份：1932—1935

推选人：大卫·科恩（大卫·科恩建筑师事务所）

凡是了解皮耶罗·波尔塔卢皮作品的人，很可能与米兰有联系，因为至今都没有关于这位建筑师的英文出版物。几年前，一位米兰建筑师朋友马西莫·柯茨曾向我介绍波尔塔卢皮的这件别墅作品，印象中它就像一座具有现代风格的古代建筑。从那以后，我已经来回参观过4次。那里有种魔力吸引着我，让我深受启发。

波尔塔卢皮并不像几乎同时代的建筑师吉奥·庞蒂在历史上有举足轻重的地位，他的作品相对来说较少受到重视。尽管内基别墅在有些方面是建筑的尝试，但我认为它有非常特别的地方。

别墅内有一种19世纪和20世纪建筑之间的紧张气氛。这是一幢原始的现代别墅，还是20世纪的别墅？它是装饰艺术风格吗？

"折衷主义"这个术语有时是贬义，但我确实很欣赏那些介于两者之间的东西。别墅体现了现代工程的前景，也是一剂解决现代建筑问题的解药——它的现代性很强，不像19世纪建筑的仿制品那样沉闷，但同时它也没有全盘否定传统建筑，成为机械性的脑力猎奇尝试。新旧建筑之间的差别依然存在。

内基别墅位于米兰的富人区，富有的主人靠生产缝纫机获得了大笔财富。客户和建筑师对房子的方方面面都做了详细的讨论。这种做法着实令人赞叹，要是放到现在依然很罕见。

从外观上看，房子很简单，没有复杂的设计。更确切地说，它之所以吸引人是因为建立了各种微妙的关系：房间可作不同的用途；人在一天中的不同时刻可感受到别墅的微妙区别；房屋内外之间的联系紧密，相互呼应。

所有东西都按次序编排得很清晰。每个角落都能明显地感受到快乐，在那里居住想必会很愉快，哪怕只有片刻的时间。

别墅内有一整排房间，但这些房间经过独立设计，内部空间通常比社交场所要大得多。不同大小的公共和半公共空间设计给我们上了一堂清晰的建筑课。这里有隐私，也有交际空间。它只是在静静等待人们进来度过一个美好的夜晚。

房间的入口很重要，因为都是成排的房间，所以没有过道，人必须穿过一个房间才能到达下一个。所有房间的门口都有入墙式滑动移门，打开门就可以拥有整个大开间，关上门则是单独的房间。

花园房是我最喜欢的房间之一。它就像一个梦幻空间，房间两侧是大型玻璃窗，窗外摇曳着碧绿苍翠的蕨类植物枝条，就像镶嵌在花园里。如果坐在沙发上，看不到外面的地面，感觉自己置身于树丛中。波尔塔卢皮设计的青金石桌漂亮精致，大理石地板有格子呢般的编织花纹。这一切构成了愉悦的整体。

在藏书室，天花板非常明亮。这是不对称的菱形图案，主调是横竖交叉，在大理石地板上也可以看到这种图案。它给整个房间带来一种紧张感。这是人感知头顶上方形状、重量和结构不可或缺的一部分，尽管向四周延伸，但看起来就像织物一样轻巧。波尔塔卢皮设计的细节令人惊叹，而手工制作的水平也非常高超，连一条铰链的工艺都做得很精美，而且都恰到好处，并不觉得用力过猛。这里的天花板就像是背景设置，可以帮助人提高舒适度和快乐感。

大门入口对面的楼梯也非常棒，楼梯墙上贴有木板；客厅外有菱形图案的镜面屏风；餐厅的墙壁上是山羊皮镶板，他设计的陶器也充满了个性。

餐厅是两位建筑师共同参与的地方，另一位是布奇，"二战"后他曾在这所房子担任设计——这确实很有问题，因为设计陷入了俗套。

我喜欢二楼的一扇星形窗户，还在室外时就想知道它在哪个房间。上楼后去找，竟然发现它在卫生间，真是有趣。

在我们所做的工作中，我总是尝试去寻找一些非常开放但又私密和舒适的东西。在内基别墅，建筑会带来空间的运动和变化，我们从中学到一个创造更小空间的技巧，就是设计类似的门和壁龛。

波尔塔卢皮一生中在不同时期受到不同事物的影响。我试图了解历史上不同的建筑，并研究如何将它们融入到新的建筑语言中。内基别墅不仅教会了我房间隔断的重要性，还教会了我如何适当改变建筑以突出某些用途，比如说俯瞰花园的巨大窗户，或是餐前聚会的前厅。尽管别墅使用的建材昂贵，几何图案也丰富醒目，但它形成了一个背景，一个给人居住的场景。当然这并不是说背景必须是中性而平庸的，其实它应该是丰富的，保留了一种随意性，可以让你主动选择居住，而不是感觉自己在被动展示。

我的不少设计直接参考了波尔塔卢皮的做法。在巴塞罗那卡雷尔·阿温约公寓的内部装饰中，我们就采用了波尔塔卢皮的图案，只是颜色不同而已；框架玻璃空间则与内基别墅

的玻璃花房相似。另外，在诺福克郡的斯图亚特·舍夫艺术画廊中设计了一系列房间，其中一部分设计灵感就来自内基别墅。

这幢别墅其实并不完美，或者说它并不想成为完美。建筑的张力反而使它充满挑战和活力。这也许是波尔塔卢皮在设计这所房子时的一大乐趣。对我来说，设计的乐趣也是如此。

上图：朝别墅的花园房间看过去的视线。入口在右边较远处。该别墅坐落于米兰市中心，占地面积较大。

左对面图：藏书室天花板上的不对称图案，主调是横竖交叉。这种图案在大理石地板上也能看到。

右对面图：入口大厅和楼梯间，楼梯间墙壁贴有木板，为整幢房子中众多手工打造的细节之一。

上流社会的建筑　内基·坎皮里奥别墅是为富有的伦巴第工业家族——安杰洛·坎皮里奥、他的妻子吉娜·内基和妻妹内达·内基在1932至1935年之间建造的。

　　他们委托当时的建筑界红人——皮耶罗·波尔塔卢皮设计，要打造一所现代但同时奢华、舒适、适合社交娱乐的房子。托马索·布奇在20世纪50年代重新装修了这栋房子。布奇的眼光更传统，他偏好古董、窗帘和精致的枝形吊灯，这些内部装饰取代了原先波尔塔卢皮的现代风格。

　　吉娜·内基于2001年离开人世，享年99岁。她生前将这所房子赠予意大利名胜古迹私人保护组织FAI，别墅经过修复后向游客开放。如今，别墅中收藏了20世纪中期的意大利艺术品，当然，这些艺术品并非是原有的内部装饰。这里也是蒂尔达·斯文顿主演的电影《我是爱》的拍摄地。

克里斯·威廉姆森重访"给人以无限灵感的"埃姆斯住宅。该建筑由查尔斯·埃姆斯和蕾·埃姆斯设计，是住宅案例研究项目中的一件作品。

埃姆斯住宅（第8号案例住宅）

地点：加州洛杉矶太平洋帕拉索斯

建筑师：查尔斯·埃姆斯和蕾·埃姆斯（改编自与埃罗·沙里宁共同设计的方案）

项目年份：1945—1949

推选人：克里斯·威廉姆森（韦斯顿-威廉姆森建筑师事务所）

埃姆斯住宅拥有我喜欢的所有建筑元素——严谨、彻底，但也不乏趣味和色彩，每一个细节都非常精美。20世纪40年代中期，《艺术与建筑》杂志发起住宅案例研究运动，埃姆斯住宅作为其中的一件作品，代表了现代家庭住宅中卓越创新的一个时代，是一座给人以无限灵感的建筑。

我第一次去实地探访是在1980年，当时我还在纽约的威尔顿·贝克特事务所上班，还未去伦敦迈克尔·霍普金斯事务所任职。我曾参观过其他的案例研究住宅，还有弗兰克·劳埃德·赖特设计的房子，但埃姆斯住宅的优雅和简朴令人震惊，参观这座住宅也成了我在美国的那段时光中最有意思的事情之一。

参观之前，我已经对它有了相当多的了解，因为我拜读过安德鲁·韦斯顿写的相关毕业论文。但在现实中亲眼目睹还是感到非常奇妙。女主人蕾当时还住在那里，但是任何人都可以进去，在住宅四周逛一圈，或去楼下工作间转转。

和其他作品一样，这是一幢展示房，展示了如何处理工业化建筑——你可以用工业建材设计一座非常理性的建筑，但依然可以利用荷兰画家蒙德里安的色彩和双层高度空间打造出住宅有趣的一面。埃姆斯住宅的空间变化是建筑师的灵感来源。

我喜欢这幢房子的另一个原因就是它与风景的关系。高大的桉树和房子一样优雅美丽，两者结合，相辅相成。然而原来的平面图显示，这并非最初的设计方案——就在采购预制构件，等待构件运送期间，查尔斯和蕾爱上了这片草地。为了保护这片草地，使房子更好地融入周围的景观，他们决定修改方案，重新分配钢材，把房子往后建一点。

根据埃姆斯基金会的说法，这所房子被查尔斯设想为"在工作中生活"的背景，其周围的自然环境就是"生活减震器"。

我也很想建造这样的房子，但在伦敦几乎找不到一个类似可以尝试现代建筑的地方。埃姆斯住宅的真正优点在于其结构的轻盈，现代的隔热层很难达到这种效果。如果不是像埃姆斯那样使用单层玻璃和SIP隔热面板，那得采用完全不同的设计理念，造出的房屋势必会和现在大不相同。

但我敢肯定，即使放在今天，埃姆斯夫妇和其他案例研究的建筑师们也会做出具有可持续性发展的创新。

从美国回到伦敦，我就遇上了迈克尔·霍普金斯和帕蒂·霍普金斯夫妇的办公室兼住宅项目。整个设计诠释了埃姆斯住宅的理念，采用了与之类似的建筑线条，以Metsec钢梁为主体结构，四周绿树成荫。这两所房子都给人留下了深刻的印象，也是30年来我们事务所的设计灵感来源。

如今我已经去过埃姆斯住宅三次。它的确经得起时间的考验，是一个值得反复参观的住宅。对我来说，它代表着一个特殊的时代，对未来充满了希望和乐观的时代。新型材料、新的思维方式、新的生活方式和新思想，激发了一代人的灵感。

案例研究 20世纪40年代中期，由《艺术与建筑》杂志发起住宅案例研究项目，埃姆斯住宅排在第8号。项目要求建筑师使用第二次世界大战中的材料和技术，为真实或假想的客户打造出一系列现代住宅。

第8号住宅的首个方案由查尔斯·埃姆斯和埃罗·沙里宁在1945年共同设计，使用的是预制材料。但直到1948年钢材才到达施工现场。为了更好地将房子与景观融为一体，埃姆斯夫妇在使用同批材料的情况下修改了设计方案，重新放置钢结构房屋。这次改动只多用了一根横梁。该住宅于1949年完工，夫妇俩在有生之年一直居住在此。1978年，查尔斯离开人世。十年后，蕾也随他而去。

玛丽-何塞·范·希在路易·卡雷别墅外的台阶上,她非常欣赏这幢别墅从建筑到家具的整体设计。

路易·卡雷别墅

地点：法国巴佐什叙尔居约讷

建筑师：阿尔瓦·阿尔托

项目年份：1956——1959

推选人：玛丽-何塞·范·希

读书期间，我对斯堪的纳维亚式建筑情有独钟，它与我们在比利时所了解的建筑在风格上完全不同。我曾去过丹麦，参观过阿恩·雅各布森（Arne Jacobsen）设计的住宅，但从未去过丹麦以北的地方，所以只能通过书中的平面图和照片了解阿尔瓦·阿尔托的建筑。好在我有一本有关阿尔托的书，那是1979年一位朋友送给我的礼物。从这本书中，我第一次知道了路易·卡雷别墅。

看到阿尔托的建筑素描时我非常惊讶，因为他的绘图粗糙、直观，没有一丝学院派的影子。我喜欢以同样的方式写生，但在大学里，我们被灌输的是学院派设计，在电脑出现之前我甚至还不太擅长立体设计。阿尔托的素描告诉我，完全可以凭直觉去设计建筑。受此鼓舞，我继续坚持着自己的风格。

虽然我仔细研究过卡雷别墅的平面图和剖面图，但只有亲眼目睹才会发现它生动的一面。这是一所让人感到很自在的房子。阿尔托认为替别人建造的房子，同时也要适合自己居住——有些人喜欢将房子坐落在美丽的风景中，所以卡雷别墅就好像是专为他们量身打造的。就规模和隐私而言，这所房子做得非常出色。由于房间的尺寸符合人的居住，空间衔接流畅，与屋外的风景紧密结合，所以房屋的比例和建材都让人感到自在舒适，空间维度也正好。

我特别喜欢走进房屋时的体验。阿尔托精心组织了这段始于大门口的旅程。游客们在入口处透过树丛往上看，房子就在不远处，心里便充满了好奇。但是要到达那里，还得走上一段距离。道路弯弯曲曲，通往房屋的门廊。门廊上的顶棚不像是外立面上的附属物，而像是被切割出的房屋一角。所以即使人未入门，但感觉已在屋内得到庇护。顶棚是一种引人入室的方式。

室内入口大厅不仅只起到接待作用。路易·卡雷收藏了大量的艺术品和照片，这些作品最初陈列在接待处的两面墙上，形成小型画廊，并将公共空间与私密的卧室分隔开来。现在作品不再挂在墙上，而是直接悬挂在大厅内。正如房子与周围的风景和谐相处，这些画在室内也找到了自己的归宿。

阿尔托懂得如何营造良好的氛围。从入口大厅向右转往下走半层，来到客厅。哇！这是奇妙的斜对角视线，透过面向花园的巨大窗户，可以看到整幢房子沿着斜坡顺势而下。天花板的木条向下延伸，曲线优美，很有动感。

起居室位于一侧角落，也参与了气氛的营造，但直到走进才明白它起的作用。这是我喜欢的布置。我还喜欢壁炉在角落微微凸出，这样在房间里走动时，感觉不仅仅是绕着墙走，而是围绕着另一个元素在移动。阿尔托设计的客厅里总有烟囱和明火壁炉，目的是让人们可以围坐在一起。我在自己的作品中也喜欢运用这种社会归属感。尽管对法国人来说，壁炉可能并不像北欧人一样重要，因为法国的气候没有那边冷，黑夜也没有那边长，但阿尔托还是把这个元素呈现出来。

卡雷别墅是一件整体的作品，设计涵盖景观、房屋以及家具和灯具。所有的东西都很漂亮，甚至包括楼上仆人房间里的家具。这是一所充满细节的房子，虽然新艺术风格的房子有时会让人感到过于强势，但在卡雷别墅，你永远不会有那种感觉。

厨房大理石台面下漂亮的木制边饰也是特意设计的。这样当人入座时，腿就不会碰到冰冷的大理石表面。类似的细节非常重要，而且到处都是，比如为保护卡雷夫妻的私密空间，阿尔托把卧室的入口往内缩进，并用门帘遮住。

灯饰对阿尔托来说很重要。生活在北欧的人们非常在乎光线，因为冬天只有几个小时的光照时间。阿尔托在别墅餐厅内设计了一款特别的灯饰，它可以朝两个方向发光——可同时照亮下方区域以及墙上的艺术品。在通往别墅的路上，阿尔托还设计了像花朵一样的灯柱，贝壳状的大花瓣包裹着反射灯。每次看到这些灯饰都会让我产生强烈的愉悦感。

阿尔托对景观坡度的利用也非常得心应手，房子和坡下游泳池之间的台阶使两者的联系和谐而自然。

我还不清楚自己的作品会受到卡雷别墅何种影响。但不管怎样，这所房子会直达心灵，印刻在"内心地图"，保存进自己的"私人图书馆"，而自己却永远不知道它会何时再现，也许等到它出现的一刹那才会明白。

上图：朝别墅客厅看过去的视野。玛丽–何塞·范·希认为"卡雷别墅直达心灵，印刻在'内心地图'"。

对页图：游泳池和游泳池休息间，主建筑位于游泳池的左上侧。

阿尔托的宝石　路易·卡雷别墅是阿尔瓦·阿尔托为法国艺术品经销商和收藏家路易·卡雷设计的住宅，它是法国唯一一座保存至今的阿尔托建筑，也是集建筑、室内装饰和景观设计为一体的作品。

别墅外层为产自沙特尔的石头、石灰洗砖、铜和木材，屋顶是蓝色石板瓦。内部装饰包括配件、家具和纺织品，都由阿尔托或他的合作者设计。一楼围绕入口大厅分为上下两个层面，分别为公共区（大厅、衣帽间、客厅、藏书室、餐厅）、私人区（三间卧室、三个卫生间、桑拿房）以及服务区（厨房、餐具室、食品储藏室、仆人餐厅）。入口大厅的天花板为赤松板。主要的卧室都有私人露台，可以走过台阶到达游泳池。仆人卧室在二楼。

阿尔托还设计了面积达3公顷的花园、入口大门和车库，并在1963年增加了游泳池和游泳池休息间。

上图： 餐厅的灯光细节。灯光对阿尔托来说特别重要，他为卡雷别墅设计了很多灯。

右图： 客厅左边是壁炉，右边是宽敞的窗户，可透过窗户观赏到屋外的风景。

女巫屋

地点：德国巴特卡尔斯港
建筑师：艾莉森·史密森和彼得·史密森
项目年份：1986 —2002
推选人：岛崎雄朗（岛崎雄朗建筑师事务所）

岛崎雄朗在女巫屋，这原是一间普通的小屋，经建筑师艾莉森·史密森和彼得·史密森多年扩建改造而成。

作为一名日本人，一种精致的设计方法对我来说是很自然的，但我发现要同一种设计方法不断创造出漂亮又有限制的作品就很难。史密森夫妇就给了我另一种接近自己理想建筑的方法。说实话，我对他们研究不多，读书时也没有过多关注。但初次接触他们的作品就很直接，我在家庭聚会中见到过他们，去德国探访过阿克塞尔·布鲁豪瑟的女巫屋，还参观了布鲁豪瑟的TECTA家具厂，里面有他们的设计作品。

阿克塞尔和史密森夫妇的合作好像是上天给予的安排。当初双方见面时，阿克塞尔就说起这次合作会改变彼此的人生。在女巫屋的设计上，建筑师与客户之间极其投缘，这种与生俱来的关系非一般人所及。

我不是借助书本，而是通过实际工作经历了解到史密森夫妇的作品——我当时的合伙人陶玉立认识彼得·史密森，玉立与洛伦佐·王合作时给我介绍了史密森夫妇，并问我是否愿意抽出几个月的时间在彼得手下干活。这短短的几个月工作真是令人难忘，在这之前，我都是与人合办事务所，每天的工作就是面对电脑。我得坐在办公室花上整整一个星期的时间用铅笔勾画出轴测图，每个细节和规格都得用手标注。细节在这里得到了强调，工作成了一件快乐的事，甚至像喝茶这样的小事也很有仪式感。我当时被分配到的任务是画女巫屋的小桥和灯笼，这对我来说很有挑战性。

为了凸显生活的乐趣，房屋的一切都经过精心设计，小到栏杆的角度问题。我们有时无法理解不同细节的感知会如何改变人与外界的关系，所以我和洛伦佐会经常讨论这个问题，然后问彼得设计这种细节的原因——有时根本就没有答案，它就是这样。女巫屋真是一件了不起的作品，它让我意识到时间的付出确实很值得。所以对建筑师来说根本不需要几百个项目，只需精心做好几件事情即可。

尽管我在彼得·史密森的工作室只干了两个月，但我从中学到很多，特别是意识到生活、景观、建筑和艺术之间根本没有任何界限。对史密森夫妇来说，生活中的一切都是精心构建的活动背景，目的就是使生活丰富多彩。2007年，岛崎—陶建筑师事务所全体人员前往德国参观女巫屋，这又一次彻底改变了我对建筑的看法。当时阿克塞尔也在场，他谈到史密森夫妇释放了自己的灵魂，帮助他通过自己的公司TECTA改善许多人的生活。设计的灵感没有建筑那么昂贵，但它因关乎生命而显得弥足珍贵。如果建筑师在职业生涯中能遇到这类惺惺相惜的客户，那就太棒了。他们借助各自的猫，通过猫之间的叙述来推动项目的进展，沟通效果极佳——猫就代表了他们本人，只是在讨论中加入了另一种声音而已。

女巫屋的照片看起来可能会让一些建筑师们不以为然，认为这只不过是乡土建筑而已。但在参观过程中，你会意识到这与风格无关，而是与空间和地点的安排方式有关。原先的房子还有尖屋顶和烟囱，如格林童话里出现的森林小屋，如今经过几番加建，已不见最初的模样。

我的兴趣点之一是对"聚合化秩序"理论的应用，这是一个随着时间推移而逐渐加建的概念。加建的秩序既不十分明显也不是线性发展，而是从多维度展开，包括阿克塞尔对房子

的使用习惯，周围具体景观的变化，以及对这个地方的感知变化。这些感知似乎很直观，有时也很随意，但材质感和韵律感还是与最初保持一致。

这所房子就空间的间隙安排而言是做得最成功的，这也是许多建筑师难以企及的目标。我也十分欣赏他们能最大限度地契合建筑文脉和本土化，使建筑成为背景，即使它的建筑感非常强烈。史密森夫妇自信地认为阿克塞尔和他的猫——Karlchen两者的生活更重要。靠窗的座位可以让主人和他的猫并排坐在一起，玻璃地板便于Karlchen寻找老鼠。有些时候，设计很明确，但有些时候，尽管有明确的体系和

秩序，设计却没有任何理由，只是凭借经验、直觉、反复作图而已。房子和森林间的景观层次感丰富得令人难以置信，到底是景观衬托了建筑，还是建筑衬托了景观？

离开史密森夫妇工作室不久，我们事务所（岛崎—陶建筑师事务所）在萨里设计了奥什屋，这正是受到了史密森夫妇工作方式的启发。我们做建筑拼贴，预先规划墙壁的位置，在得到规划许可之前就整天逗留在现场。这让我们真正感受到了萨里的风土人情，汲取了它的英国式生活——酒吧、漫步、天气，就像史密森夫妇吸收了女巫屋的精华所在。现在，如果一些小项目有这种品质的潜力，我们绝不会

拒之门外。这不关乎职业发展，而是关乎对环境的利用。

2007年我访问女巫屋时，还倾向于精确地看待建筑，但是现在，建筑、艺术和居住之间的界限越来越模糊。我尝试把这些想法传达给建筑联盟学院的学生们：建筑是一个精心设计的、富有想象力的工程，居住场所也一样。我仍然在其他方面追寻这些想法，尽管这充满了挑战性。

再次回到女巫屋已是春天，我可以从另一个角度来欣赏它。它是我心中的一块美玉，尽管小巧却珍贵；也是我心目中的人间天堂，令人无比向往。

森林奇迹 阿克塞尔·布鲁豪瑟是TECTA家具公司的老板，女巫屋是史密森夫妇和他长达数年的合作场所。之前史密森夫妇已经在附近的TECTA工厂完成了几个项目。女巫屋最初是森林里一间简陋的小木屋，由建筑师们通过与客户的激烈讨论逐步发展扩建而成。项目沟通一直是通过信件进行的，其内容分别以史密森家的猫Snuff和阿克塞尔的猫Karlchen的口吻书写，落款为各自的猫爪印。

刚开始史密森夫妇采取一些较小的干预，比如建造一个新门廊或一个开口，之后逐渐改造和扩建房子。他们的目标始终是通过光、空气、空间和水创造人类、猫和树的和谐环境。1997年，一间小而漂亮的玻璃地板度假屋（女巫扫帚屋）建成。从浴室外的高台阶走下来可到达此屋。接着是茶亭和灯笼亭，灯笼亭为彼得·史密森的最后一个项目，坐落在女巫屋上面的小山坡上。

艾莉森于1993年离开人世，十年后，彼得也与世长辞。阿克塞尔·布鲁豪瑟仍然和他的猫住在女巫屋，这已是第三只叫Karlchen的猫了。

上图： 女巫屋屋内一景。屋内摆满了主人收藏的20世纪家具。史密森夫妇所有的干预设计都在与客户的密切合作下完成。

对面图： 女巫扫帚屋——一间度假屋，与外界有一条过道相连。它被认为是受到了附近乡村结构隐藏建筑的启发。

房地产开发项目

亚历克斯·伊利在柏
林布利兹大都会住宅区中
心——"马蹄铁形"住宅
楼前。

布利兹大都会住宅区

地点：德国柏林

建筑师：布鲁诺·陶特和马丁·瓦格纳

项目年份：1925—1930

推选人：亚历克斯·伊利（Mæ建筑师事务所）

布利兹大都会住宅区设计简单实用，生活气息浓郁，在当地辨识度很高。我是在1991年第一次参观这个住宅区，没过多久它就被联合国教科文组织列为世界文化遗产。最近我故地重游，印象更为深刻，和我现在的工作似乎更息息相关了。也许是因为第一次参观时我还是一名学生，总期望能发掘更多的东西。从很多方面来看，它的有趣之处不仅在于对建筑的安静表达，还在于对平面图和城市布局的仔细考虑。

我参观过6个被联合国教科文组织列为世界文化遗产的柏林住宅区，尽管每一个住宅区都各有特色，妙趣横生，但布利兹因其多样性、丰富性和连贯性在我记忆中留下深刻的烙印。

布利兹实际上是柏林的一个田园郊区。布鲁诺·陶特的设计很大程度上受到了赫尔曼·缪斯提斯的影响，就是后者把埃比尼泽·霍华德的"英国城市运动"思潮带到了德国，并写下了《英国的住宅》一书。在当时住房极其短缺的情况下，这些想法与人文功能主义的理想结合在一起。同时为给普通工人阶级建造住宅，成立了住房互助协会。这些因素促成了布利兹的诞生。

当时现代主义反对传统的台阶和街道，大肆推崇建筑以抽象的形式出现在景观中，陶特的设计可能与这种思潮格格不入。仔细思考人们的生活方式后，他意识到如果在公共和私人领域之间有明确的定义时，人们会更有舒适感。我喜欢这种清晰的理念，也欣赏陶特对舒适感和熟悉度的追求。

布利兹的整体设计简单明确，直截了当。

公寓大楼沿着主通道形成宏大的正面，之后规模逐渐缩小，成为两层和三层房屋。街道设计成南北走向，为的是早晨的阳光可以洒进厨房，傍晚的霞光照进起居室。后几期工程中为行人而设计的目的非常明显，出现了可以直接由小路到达的排屋。

陶特利用建筑形成公共空间和圈地的方式非常不错。巨大的建筑群呈U形马蹄铁状，结合精心打造的景观和地势，从闭合的碗状外形逐渐变为马蹄铁形，中间还有一个湖泊，整体充满了戏剧性。

陶特采取了简单的公式，打造出平静安详的建筑，其中对住房的细节关注程度即使放在今天也不易实现。设计也很有特色：道路略微曲折；为扩大公共空间，创造局部的舒适度，建筑物略向后退缩。我尤其喜欢每排房子的尽头，最后一幢房子往前突出，好像"挡书板"，夹住露台，房后的缺口则由一棵临街树木填补。每条街道都有不同的树木规格，因此都有极高的辨识度。

虽然房屋本身的规格相当标准，但陶特还是创造出了差异性。这种差异性不仅体现在景观的打造中，还体现在细微的窗户细节及色彩变化上。陶特曾争议道，颜色应该与形式有相同的权利。据说当勒·柯布西耶看到彩色窗户时，他脱口而出："天哪，陶特居然是色盲。"陶特总共使用了5种主要颜色，大楼底层的架构足够强大，可以允许这种程度的波动。

建筑的连接方式非常简单，连接物并不是入口上方外凸的阳台和玻璃窗，而是楼内的嵌入式组件。为了保护住户的隐私，底层被稍稍抬高。长长的公寓立面通过连接砖和入口处的节奏变化做隔断处理，这样就不会显得太过单一。虽然方式简洁但丰富多样，连捕捉光线的材质纹理变化也考虑在内。

家庭内部设计中也考虑到了工艺的要求。从前门的脚垫、更衣大厅、日常生活用具，到比例恰当的房间、房间内陶瓷面砖炉灶、宽敞的地下室储存空间、精确设计的厨房和双层玻璃，这一切都创造出舒适的家居环境，大大改善了人们当时的居住条件。

尽管在设计上顾及经济因素，但住宅的整体现代化还是招致政治保守派们的不满，他们抱怨这对普通人来说过于奢华。布利兹模式依然实用，因为它在私人空间中建立起宽敞的社区场所。如今在比布利兹更为密集的住房项目中，最棘手的事情之一就是房屋在维持波澜不惊的排列次序的同时，还得有个性。

我们Mæ事务所也在探索引入重视公共领域的建筑布局方法。与威瑟福特–沃森–曼建筑师事务合作设计卡特福德球场板块住宅时，我脑海里想必出现过布利兹——为使不同地区的房屋各具特色，设计时我考虑到景观、小区入口、大门设计以及砖砌底座等方面。

显然布利兹的居民对这个地方深感骄傲。它简朴舒适，有着成熟的景观，的确非常适合居住。

住宅区内的公寓楼沿主要街道排列。建筑师布鲁诺·陶特用了5种基本颜色，并把每个楼群中最后一幢房屋刷成白色或蓝色。

柏林的住宅典范 布利兹大都会住宅区由布鲁诺·陶特（1880—1938）为住宅互助协会"格哈（Gehag）"设计，他担任该协会的总建筑师。陶特与市政规划主管，同为建筑师的马丁·瓦格纳合作，并与列伯莱希特·米吉和奥托卡·瓦格勒合作设计景观。

整块住宅区占地7.1公顷，位于城市南部的前布利兹领地。建筑群内为三层半高的楼房，里面共有1285套公寓，还有679座排屋。住宅规格共有4种，面积从65平方米到124平方米不等，屋顶和开窗变化多样。整个住宅区内陶特用了5种基本颜色，每个楼群中最后一幢房屋被刷成白色或蓝色。

住宅第一期工程包括湖周围350米长的马蹄形建筑群，随后几期是房屋更密集的城市住宅。从民主的角度来看，马蹄形公寓的每一家住户都有自己的花园，花园位于从内部向外扩散的三个圆环内。这一设计引起了争议，陶特和"格哈"协会因当时激进的平屋顶设计和红色的表现手法被认为有社会主义倾向。

公寓入口处。所有的楼房都用简单
的方式连接，但为增加住宅区的个性，
屋顶的设计各异，细节众多。

布利兹住宅区内修复后的博物馆或
出租公寓房——"陶特之家"内一景，
右边为原装陶瓷面砖炉灶。

加妮·阿什在马赛公寓
的楼顶。该公寓楼为勒·柯
布西耶设计的住宅开发项
目，具有开创性意义。

马赛公寓

地点：法国马赛

建筑师：勒·柯布西耶

项目年份：1947—1952

推选人：加妮·阿什（阿什-萨库拉建筑师事务所）

对一名建筑师来说，参观马赛公寓就像回家一样亲切，因为大楼的诸多方面让人感觉很熟悉。然而，我总是很好奇勒·柯布西耶到底如何做到把无数不同的线索完美地结合到这个作品当中，这简直像是在变魔术。

这已是我第四次参观马赛公寓了，而我确信今后还会光顾。15年前，我和丈夫罗伯特·萨库拉带着孩子们第一次来到这里。早在剑桥大学读书时，导师彼得·卡尔就激起了我对这座建筑的兴趣。卡尔更钟情的是勒·柯布西耶的象征主义和奥费主义，而不是建筑的模块化、现代化和机械化。他教会我创造出柯布西耶式的神话并不是梦想，因为我们可以从中获取许多自己想要的东西。

整幢公寓楼就像一个非常特别的大熔炉，人们在一起生活、工作和娱乐。它的整体效果远胜于部分之和。我们第一次去的经历很难忘，当时我们以游客的身份入内参观。孩子们在楼顶玩耍时，一位住户竟然邀请我们去她家吃午饭，就这样大家成为了朋友，大楼以这种方式接纳了我们。她热情地向我们介绍房间里的微小细节，这感觉太妙了——储藏空间在复杂的结构中显得非常巧妙，仅仅在平面图上看甚至还不一定找得到；水槽上方有块不锈钢防溅挡板，挡板上的凹槽设计也考虑到多样性。

对我来说，公寓楼展示了它非常有趣的一面，它想让人们的邂逅或联系充满各种可能性。这是一个完整的空中城镇——每块区域都有一种非常规整的感觉，不断重复后构成了现在的外观。双层通高和单层高的公寓模块，在平面图和剖面图中巧妙地切换着。要不是图解简单明了，否则感觉非常复杂。若四处走动，会因为周围类似的结构而不知所措。

除了公寓的规划之外，大楼还添加了许多其他用途。减轻家务的负担是当时非常前卫的社会思想——也许这是研究柯布西耶的专家弗洛拉·塞缪尔称其为"女权主义者"的原因。你可以把孩子送到托儿所，然后做头发、逛商店、去健身房，或者在屋顶与大自然和天空交流谈心：崇高的个人主义和简单的社区关系相结合，远洋航轮上的生活理想几乎实现了。来到大楼的中间层，发现超市还在营业，这种感觉既超现实又平淡真实。

屋顶像个大房间，人们可以上来跑步、散步、晒日光浴或阅读，每个人都有自己喜欢的地方。夏天，水池里蓄满了水，孩子们从托儿所出来戏水玩耍，把屋顶当成海滩。住户们带来自己的午餐，围坐在一起，屋顶成为整个社区的交流中心。柯布西耶安排了野餐区域，还模仿风景的轮廓，设计出"驼峰"形状的人造小山，供孩子们玩耍。光和阴影的变化也可以打造出很多用途，它一直在给予。很难一一述说大楼的所有功能。平台上雕塑般的模型巨大无比，如神话一样凝固在时光中。

马赛公寓可容纳1600人。勒·柯布西耶的设计始于人们如何生活在一起的大概念，然后深入到细节，让细节使这个概念逐渐明晰。也许正如他所说的，公寓楼有种从普遍到特殊，再从特殊到普遍的持续运动感。

当初马赛公寓建造的时候，它处于比较偏僻的位置，差不多已在郊区。这个"漂浮"在绿地"大海"上的粗制混凝土庞然大物，看起来确实像一个辉煌的梦想。底层架空层光线充足，不像大多数野兽派建筑那样让人感到绝

望。这些令人惊叹的柱墩，承载着大楼的巨大重量却隐藏自己的服务功能。柱子上端极其粗大，然后逐渐变细，直到成为非常纤细的尖头才打桩入地，到了地下又扩大向四周延伸。

勒·柯布西耶谈论最多的是E字形的双面朝向公寓房间。走进房间底层，主卧室和阳台相通，位于客厅上层。一个单元的双层高部分（双层高客厅/卧室部分），放在另一个单元的单层部分（小巧的楼梯入口/餐厅/厨房部分）的上方或下方，公寓单元因此被精巧地叠堆起来。柯布西耶感兴趣的是拥有独特视角的空间，这个空间不仅具有戏剧张力，还能在一天中不同时段都享受阳光——与在黄昏才照射到阳光的走廊形成了鲜明的对比。屋内是一场视觉盛宴，你不会觉得无聊而急着想出去。房间平面图中，两间儿童房看起来很狭窄，但实际上里里外外涵盖了很大一块区域供孩子们做手工、做实验、写作业或是玩耍。柯布西耶有意让杂乱的生活与室内景观融为一体。原先的内置家具和配件都非常出色——他甚至还设计了一张给婴儿换尿布的桌子。

马赛公寓是取之不竭的灵感来源——很难想象我们现在的建筑不以它为参考对象。几年前，我们赢得了名为"高层建筑（High Rise）"的设计竞赛，为伦敦纽汉区一幢15层塔楼做修缮工作。我们在许多方面都效仿了马赛公寓，特别是把建筑转变为城镇的理念。另外，位于锡尔弗敦地区的皮博迪公寓也有马赛公寓的影子——社区生活。在哈克尼的温室艺术和社区中心项目中，为艺术家们的创意工作室打造屋顶遮阳棚时也想到了马赛公寓。

尽管大楼的部分外观看上去有点执拗，冷

清的商业区也急需找到新的用途，但建筑往往需要新的观众来重新焕发活力。如果建筑如马赛公寓般慷慨大气，最初的设计具备远见和雄心，那么即便是枯树也迟早会发新芽。

上图： 马赛公寓包括23种大小不一的公寓类型，还有商店和各种社区设施。

　　右图： 楼顶浅水池。楼顶的视野极佳，可同时欣赏到大海和周围山丘的景色。

马赛公寓地面架空层
很独特，柱墩为钢筋粗制
混凝土。

城市综合体　由勒·柯布西耶设计的具有开创性意义的公寓大楼——马赛公寓被当地人称为"疯狂之家"。这座12层高的建筑于1952年完工，可容纳1600人居住，以构建空中的垂直城市而闻名。大楼内部拥有商店、托儿所和餐厅等社区设施。

受法国政府委托处理战后住房短缺问题，柯布西耶着手设计马赛公寓。他对集体住宅的设计和模块化建筑技术的使用颇有研究，该建筑正是集其研究之大成。为满足不同的家庭规模，柯布西耶一共设计了23种大小不等的公寓，每三层设有内部通道，可进入每套公寓。337套公寓中有多数可看到地中海和山坡两面景观。

现在商业楼层中几乎所有的商店都闭门歇业。然而居住在此楼的住户们深感自豪，公寓房间也受到很多人的追捧，尤其是建筑师。

亚当·可汗在位于马
赛旧港附近的拉图雷特公
共住宅楼前，他称该住宅
"人性化十足，给人带来
了居住尊严"。

拉图雷特住宅项目

地点：法国马赛

建筑师：费尔南德·普永

项目年份：1948 —1953

推选人：亚当·可汗（亚当·可汗建筑师事务所）

法国建筑师费尔南德·普永曾明确表示，他要在马赛的拉图雷特住宅项目中实现不朽的成就。这种城市建造方式人性化十足，给人带来居住尊严。他在公共住房设计上有点高调，与此类项目中的小气吝啬和只满足最低需求的普遍做法格格不入。

在圣罗兰街上，坚固的石拱廊内挤满了车库和汽车修理店。破损的车辆和零件从拱廊一直堆到人行道上，这些杂物放了很长时间，破损也是相当严重。虽然很难判断这幢大楼的建造年份，但仔细观察后会发现扩建和修建的历史。在建筑史上定位一座建筑只是感知建筑的一种方式，普永在马赛设计的住宅散发出强烈的永恒气息。但这种氛围非常微妙，让人感觉它始终是这座城市的一部分，只不过在温和地适应城市的变化和个人的突发奇想。

大楼的拱廊属于当代建筑，挡住了热辣辣的太阳，也在地上投下一片片狭长的影子。拱柱很长，像西多会修道院内的立柱一样，遮挡了通往大街的视线，却能感知到照射进来的光线及其深度。大楼有着城市常见的混乱场面，对建筑师们来说处理起来很棘手。

拱廊上方低矮的住宅形成露台，这些住宅有的往前伸，有的向后缩，在入口处的台阶上形成一座小塔楼，在末端有一座更坚固的塔楼。建筑的整体外形一致，但窗户的宽窄不一，变化很有节奏感。鲜艳的遮阳篷、凸出在外的晾衣绳和露台的塑料家具，它们都是这幢蜜黄色石头建筑的一部分。S形的线脚凸砖层有种微妙的逐步增强感，给石材带来足够的深度和力度。建筑师对材料的控制既精巧又近乎抽象。

顶层的墙壁、支柱、横梁构造都发生了改变，被巧妙地当成阁楼。顶层露台上已有一间塑料棚阳光房，它的造价显然低廉又极易老化，但与整体的风格非常契合。这是一幢经得起时间考验的建筑，无论定义优秀城市的标准怎样变化，它都能应对自如，配得上这座城市。

露台的尽头是一座漂亮的塔楼，19世纪的建筑群还在那儿。石材和线脚依旧出现，但开口变宽，石材成了大楼的框架。石材横看竖看都巨大无比，所以感觉不仅仅是结构框架，还有外立墙的影子。S形的凸砖层也出现在每一楼层。这些开口的比例经过深思熟虑。作为一座塔楼，五扇凸窗的宽度和七扇凸窗的进深是个不错的比例，16层的楼高让每个人都与下面的城市地面保持联系。

底层有开放的凉廊，围绕在塔楼的两面。如今多数这样的凉廊已经装上了塑料窗。我上次参观时，塑料窗还不多见——它当时属于违章搭建，但是效果很不错，如同坚固的塔楼框架内愉快的个体即兴表演。如今这种加建已经合法化，也成为常态。

在公共入口处，艳丽的陶瓷雕塑坐落在玻璃大门前。一根船桨形状的木柱形成类似塔一样的符号。巨大的格子屏风构成了公寓的凉廊，每幢大楼内的楼梯扶手都略有不同。这种装饰和变化的折中手段可能很粗俗，但在这里却做得很明智。

公寓的平面很简单，垂直隔断墙也很薄。我无法确定是特意这样灵活设计，还是权宜之计。但是在当时项目停滞不前的情况下，正是普永对成本和建造工艺的掌控使整个项目得以

继续。尽管预算紧张，但他以大气的态度建造出极富人性化的住房和城市。建造工期短常常被拿来作为战后建造穷人住房的借口——但普永对此嗤之以鼻，并引用自己快速造房的经历来反驳这种观点。

这不能说是普永不得已而为之，其实他有更深层的动机。他渴望成为一名真正的现代建筑师，想用更基本的方式而不是风格来定义这个称呼。他预感到建筑师的力量正在慢慢消失，所以对中世纪工艺的喜爱促使他重构古代建筑师所具备的综合建造能力。这对我们这个时代也是中肯之见。

普永的做法之一是将工程顾问拉进自己的设计队伍，与材料供应商建立密切的联系，直接购买材料，并承担大部分项目管理。此外，他还变身为建筑承包商，甚至是投资商。那是一个充满机遇的时代，同时他也准备好随时承担风险。

在旧港，大楼的石头面采用的技术叫做pierre banchée，即用石板作为永久的建筑模板。这极大地节约了建材，劳动力成本也大大降低。石材来自当地，在法国政府的扶持下实现了工业化规模生产。这种模板的效果非常不错，与传统的包层不同，它在建筑体和表面的内衬之间有一种令人愉悦的张力，并没有夹在大楼正面飘忽不定的感觉。

大大小小的建筑群构成了城市的框架。普永设计的住宅是战后旧港口重建的一部分，历史上这里以工人阶级居住为主。普永设计过许多建筑，并能够修改城市规划师理性却平庸的总体规划，包括调整大楼高度、位置，以及向其他相关建筑师提供建筑素描。

普永有一幅蒙太奇式的建筑素描，它展示了最高塔楼高度测定的方法，角度是从凸窗往外看。这是完整的空间构图，运用地形、已有条件和技巧为城市生活创造出平静而生动的画面。

这幢不朽的建筑伫立在城市的一角，它不是为了勾起人们的怀旧之情，也没有自满自大，以自我为中心。相反，他的建筑反映了一种轻松的城市风格：慷慨、坚韧、适应性强。

上图：拉图雷特的住宅庭院。建筑师费尔南德·普永为加速战后住宅的施工进度，用石板作为永久性建筑模板。

对面左图：拱廊的设计目的是容纳车库、车间和城市中其他的混乱场景，而后者往往是建筑师处理起来感到很棘手的问题。

对面右图：拉图雷特住宅楼的公共入口之一。每处入口都有一个不同颜色的陶瓷图案，图案镶嵌在超大玻璃门上。

多彩的人物 无论是费尔南德·普永（1912—1986）的人生还是他的职业生涯都极其精彩，拉图雷特住宅项目是他早期的巅峰之作。为了将高质量的产品引入到战后急需的公共住房中，他在拉图雷特建造了200多套公寓，其中包括一栋21层楼高的塔楼。所有的建筑都通过管理和技术革新实现了低预算。

1961年，普永被指控参与了巴黎郊区的一个住宅项目而被捕入狱，不久他越狱逃跑。结果原先的指控不成立，他被判无罪，但因越狱而身陷囹圄。入狱前，他在阿尔及利亚和伊朗进一步推广低成本住宅。

获释后，普永再度前往阿尔及利亚，于1964至1984年间设计了30多家酒店。1971年，他被赦免无罪，1972年回到法国。

朱利安·刘易斯在
1960年罗马奥运村广场，
广场的两旁是商店。

1960年罗马奥运村

地点：意大利罗马弗拉米尼奥区

建筑师：维托里奥·卡菲罗、阿德贝托·利瓦拉、路易吉·莫雷蒂、文森佐·摩纳哥和阿美迪欧·卢奇肯蒂

项目年份：1958—1960

推选人：朱利安·刘易斯（伊斯特建筑师事务所）

在伊斯特，我们偏好城市的外围地区。虽然那里城市氛围不浓，但发展潜力巨大。也许这就是为什么我对罗马的这个地区——1960年弗拉米尼奥奥运村遗址深感兴趣的原因。它可能不属于这个城市教科书式的建筑亮点，但从城市场所营造而言，可学习的方面颇多。

我第一次意识到这个概念还是在多年前，我的英语老师给了我一本有关皮埃尔·路易吉·奈尔维的书。奈尔维是参与建设奥运村的工程师之一，负责现场的好几个项目，其中包括贯穿全村的高架桥。大约15年前，我参观了奥运村，这才了解到奈尔维设计的体育馆和高架桥离奥运村非常近。一边是体育馆和高架桥的精心安排，壮观雄伟；一边是奥运村遵循自然的设计，随意质朴，两者的融合非常贴切和谐。

要在背景物和重要影响物之间建立起平衡很难，这也是我不断回到罗马奥运村参观的原因之一。众多体育场馆精心地融合在整体景观中，效果远胜于位于斯特拉特福德的伦敦奥运会场馆，后者所有的建筑都太过注重突出各自的特色。

罗马奥运村表现出对住房的态度，那就是住房应该是有温度的，而不是冷冰冰的存在。有意思的是，我们没法说清奥运村具体建筑设计者是谁。因为诸多建筑师参与了设计，其中包括路易吉·莫雷蒂和阿德贝托·利瓦拉，但我仍然不清楚他们的具体分工，只知道他们彼此合作，完成了一件伟大的事情。

第一次参观时，我就对住宅坚固清晰的几何结构感到兴奋。细长的条状建筑似乎走进了风景，与风景融为一体。高架桥和住宅不仅在空间上相互联系，在材料使用上也有关联。建造高架桥的目的是为了接送来往的人们，因为它被架在高处，所以奥运村的景观得以在地面连续流动。

没有过度设计是奥运村的特点之一。在英国，建筑师往往不考虑所在地的特色，贸然在原地竖起一幢幢建筑。在奥运村，尽管在建筑形式上并不前卫，甚至有所后退，但是依然通过不同的建材创建了自己的身份。你不会把这里称为房地产、街道，甚至是庭院。一幢幢的房子分布在荒野绿地的周围，使罗马的荒郊变成一处有人气的场所，一个可以步行穿越的场所。

这些建筑师不仅潜心研究给这些建筑找到最佳位置，还探寻建筑与建筑之间的最佳距离。他们明白，建筑不可能处处发挥作用。如果是这样，那将引发爆炸性的结果。相反的，他们在这里温和地添加建筑。如果所有的建筑放在一起，效果可能不如雕塑那般精致，但是空间显得极其宽敞。

那些房屋不是占据了空间，而是创造了空间。有些楼的空间很紧凑，而其他的则是"懒虫"，空间很松散。如果把这些楼放在一起，那么这个区域的特征就会发生根本的变化。我特别喜欢奥运村内的广场，整个广场纵横交错，两侧都是商店，就像米开朗基罗设计的卡比托利欧广场的延伸版。广场并未呈现出伟大的英雄气概，只是向内弯曲，但是产生了很好的效果。

高架桥的结构让人想起了房屋的圆柱状地基，给人提供了无尽的想象空间。像住宅这样明确的区域竟然与高架桥下面的不确定区域为邻，这种安排着实令人兴奋。每次我带学生来这里，总会引发一场关于规定用途和非规定用途的本质讨论。他们往往会感到很困惑，因为实在看不出有什么特别之处。

在高架桥的另一边，住宅成直角排列，有一种朝高架桥移动的错觉。稍远处有几幢十字形的楼房，组合在一起形成庭院。这些更正式的空间没有大门，与广阔的大空间有动态的契合，激发了路人行走的体验。

对我来说，最能给人启发的是奥运村毫不妥协的个性，同时它也有柔软的一面——整个规模都是非常人性化的。环顾四周，看不清楚奥运村的中心到底在哪里——这不是严格按照规定安排设置的地方。四处走动时，会发现安排似乎有点混乱，但我觉得这很有吸引力。

奥运村的设计还包含了建筑师的很多直觉和出色的绘画能力。他们设法融入对材料的个人判断，这与墨索里尼时代的法西斯建筑风格完全不同。精致的底层架空柱支撑着这些住宅，柱子上的雕刻面能捕捉到光线。同样的砖块在一些楼房中呈垂直分布，而在另一些楼房中则呈水平分布——同一种建筑类型也可分化为两种。

在A型住宅楼的一角，混凝土带往地下延伸形成过梁，建筑师们对这些过梁不断"裁剪"，所以它们看起来像纸片那么薄。尽管如此，仍能感受到精致砖墙下的大型结构。我也喜欢住宅楼两端的空白处，这里解读为挤压。屋顶上奇怪的"篮子"里隐藏着服务设备。住宅呈水平排列，平坦宽阔的立面也反映了园区景观空间的慷慨。

要与现有城市完美结合，现代主义凭借的

平行结构的住宅群——
朱利安·刘易斯钦佩奥运村
毫不妥协的个性。

是强大的内在力量和远大的愿景，奥运村就是
一个很好的例子。受到奥运村的启发，我们在
设计时尽量避免过度设计，也对建筑物周围环
境很敏感。看到奥运村如此大的规模，以及设
计的野心，我们也深受鼓舞，使这个地方如此
出色的关键所在正是建筑师的自信和对建筑的
严谨。

50多年过去了，如今的奥林匹克公园住宅周围是一个成熟的园区。

奥运会遗产　1960年，奥运村是罗马战后建设的一个展示项目，包括6500人的住房和体育设施。

奥运村建于罗马北部的弗拉米尼奥区，把承办奥运会当作城市变化的催化剂还是首次。建筑师包括路易吉·莫雷蒂和阿德贝托·利瓦拉。工程师皮埃尔·路易吉·奈尔维设计了一座室外体育场、柯索迪弗朗西亚高架桥和两座分别称为大体育宫和小体育宫的室内运动场馆。高架桥穿过奥运村的中部，把住宅区分成两部分。桥的一边为男运动员住宅区，另一边为女运动员住宅区。桥被架在T形的桥墩上，桥下可自由穿行。

奥运会之后，这些公寓成为公共住房，但在20世纪70年代和80年代期间该区域入住率有所下降，高架桥下面的空间仍未被充分利用。

格雷格·佩诺伊在
"亚瑟王大厦"的楼顶,
该大楼为金巷屋村项目中
最高的建筑。

金巷屋村项目

地点：英国伦敦

建筑师：钱伯林–鲍威尔–邦建筑师事务所

项目年份：1952—1962

推选人：格雷格·佩诺伊（佩诺伊–普莱塞得建筑师事务所）

金巷屋村对我来说很特别。这个地方的现代文明程度很高，这在战后初期建造的住宅项目中很少见。

1977至1980年间，我在钱伯林–鲍威尔–邦建筑师事务所的巴比肯村项目中工作，初步了解他们的一些工作细节。他们拍摄了一些早期项目的照片，照片很精彩，其中就包括金巷屋村的发展演变过程。随着时间的推移，我对金巷屋村的了解也日益加深，这俨然已是我心目中的一个重要项目。每次参观完巴比肯，我总会光顾亚瑟王大厦的屋顶花园，一边吃午饭，一边眺望这片地区乃至整个伦敦。

金巷屋村项目是建筑设计竞赛的产物，当时伦敦金融城举办了一场设计竞赛，为在"二战"中遭受轰炸的城市边缘地区建造新住宅。为尽可能增加获胜机会，彼得·钱伯林、杰弗里·鲍威尔和克里斯托弗·邦决定单独参赛，并约定如果其中任何一人获得设计权的话，三人将共同设计该项目。最终鲍威尔赢得了竞赛，他也许是直觉最为敏锐的设计师。当时他才30岁出头，这个项目对年轻建筑师来说不啻为大显身手的好机会。

我觉得特别有趣的是，虽然这三位建筑师是不折不扣的形式主义者，但他们对细节也毫不马虎。金巷屋村关乎细节、空间和人们的生活方式，设计方法非常敏感。他们认为项目应是一个整体：除了公寓住宅外，城市公共空间也一样重要，这是体现文明的地方，类似的场所在住宅区内比比皆是，比如社区中心附近的座椅和树木的组合，这也是我最喜欢的地方之一。

他们不仅是在设计住宅，而且是在打造一座城市。鲍威尔说他虽然不曾尝试过任何随性的设计，但结果可能比那些设计得更具人性化。鲍威尔原先的设计中包括五幢低层住宅和一座塔楼，但后来项目逐渐变大，这三个伙伴用完全不同的建筑语言将项目细分。钱伯林设计了亚瑟王大厦，鲍威尔设计了斯坦利·科恩大厦，邦的作品是拜耳大厦。他们不寻求统一，尽管是第一次联手设计，但显然还在沿袭各自的风格。

我真正喜欢这个项目的原因是，它处于一个与我们目前截然不同的时代。那时的他们可以自由地探索建筑美学，从20世纪50年代早期相对简单的形式，到装饰性更强的后柯布西耶时代，演变过程清晰明了。而后者正是8年后他们在巴比肯项目中全身心投入的建筑语言。此外，他们对不同的建造技术也充满好奇，金巷屋村项目给了他们尽情施展拳脚的天地。

金巷屋村项目中最高的建筑元素是亚瑟王大厦。这是一幢对称建筑，但顶层为不对称结构，每层有4套公寓，每套都是单间卧室、单面开窗。钱伯林设计到一半时，觉得在顶层增加一些激动人心的元素会有更出色的效果。于是他设计出点睛之笔，屋顶犹如美丽的风帆"遨游"在上空，成为整个地区的标志。我敢肯定他们去了马赛——当时每个人都在效仿柯布西耶，而钱伯林很有可能刚参观完马赛公寓（见本书第144—149页），口里念叨着"我想要借鉴其中的一样东西"，于是就有了现在的屋顶。

但是他们三人被认为是现代主义的局外人——因为他们是表现主义者，不愿多受管制而且固执任性。鲍威尔过去常说没有人喜欢他们的作品。人们总觉得他们的作品装饰性太强，但我认为他们只是对作品的丰富性和细节感兴趣罢了。

在公共空间方面，有些东西确实在这里发挥了作用。空间的层次感很微妙，私人和公众之间的关系，被一些设计手段弄得模糊不清，比如拜耳大厦通向庭院的台阶。在这座大厦内，从公共花园走到平台及公寓都需经过一连串的台阶。三位建筑师学识渊博，通晓世界上的著名庭院，所以设计中不仅借鉴了维米尔和彼得·德·霍赫在绘画中对门口的观察，还参考了印度花园和文艺复兴建筑中对户外的处理。

这种设计给简单的方案带来了丰富的处理手段，使金巷屋村氛围特别的原因之一就是建筑师打造景观的方式。其中多数方式出现在巴比肯屋村项目之前，例如，水与建筑物直接接触，在地面层和亚瑟王大厦的屋顶花园中均使用垫脚石。

我们事务所追求的不仅是人们居住的方式，还有建筑与人之间的互动体验。人们能在普通的居住环境中享受真正的快乐，这是我在钱伯林–鲍威尔–邦事务所工作期间得到的经验，也是我从金巷屋村这个项目中得到的启示。此外我还学到细节处理问题，尤其喜欢让单个建筑元素发挥多种功能的细节，这样的话它就在整座建筑中变得不可或缺。

在这里消磨时光是件愉快的事。金巷屋村离我很近，从办公室望出去便可看到它和巴比肯屋村。为什么它会如此与众不同？记住这个原因对我们来说是很有价值的。

时髦的城市建筑　作为英国现代主义的典范，金巷屋村房地产项目由557套公寓和复式公寓组成，并被列为二级*和二级*历史保护建筑（新月住宅）。

　　该项目由伦敦金融城发起，位于"二战"期间被大轰炸摧毁的克里普雷盖特地区，当初的构想是为单身人士和夫妇提供住房。

　　1952年，杰弗里·鲍威尔赢得了设计竞赛，他联手克里斯托弗·邦和彼得·钱伯林共同设计。受到柯布西耶的启发，他们拒绝了传统的城市临街住宅，设计出城市综合体，由8幢中低层建筑和一幢16层的亚瑟王大厦组成，后者在整个项目中占主导地位，也是伦敦第一幢超过50米高的住宅楼。

　　在为期十年的建造过程中，项目的建筑风格逐渐发生了变化。1962年，位于格斯韦尔大街上的新月住宅最后完工，在风格上与毗邻的巴比肯屋村最为接近。巴比肯屋村也由他们负责设计。

上图：巴斯特菲尔德之家的立面。钱伯林、鲍威尔和邦三位建筑师非常注重住宅楼周围的景观，打造出格雷格·佩诺伊所说的"文明程度很高的地方"。

右图：金巷屋村项目中，亚瑟王大厦（右）的高度超过其他8幢大楼，用船帆装饰点缀楼顶。

彼得·圣约翰在米兰加拉拉泰斯住宅的拱廊内。该住宅"安静而强大"，由阿尔多·罗西设计。

加拉拉泰斯公寓楼

地点：意大利米兰

建筑师：阿尔多·罗西

项目年份：1969—1973

推选人：彼得·圣约翰（卡鲁索–圣约翰建筑师事务所）

我喜欢米兰的现代建筑，可以带你去参观市内许多优雅的建筑，它们比阿尔多·罗西在加拉拉泰斯的项目漂亮多了。但如果让我选择对我影响最大的建筑，那非加拉拉泰斯公寓莫属了。作为一名建筑师，你对建筑的感觉是在年轻的时候形成的，那时追寻的主题和理想如果能够坚持不懈地去执行，幸运的话，那么在以后的生活中会逐一实现。

我在20岁时参观了这座建筑。那是我第一次感受到古典主义的有趣之处，正筹划如何用古典的主题来设计一件现代建筑作品。1980年，我即将从巴特莱特建筑学院毕业，打算去建筑联盟学院深造。当年我参加了首届威尼斯建筑双年展，展览由建筑师保罗·波特菲斯负责，主题为"昨日重现（The Presence of the Past）"。参观完之后，我只身前往米兰的加拉拉泰斯公寓。公寓位于郊区，远离城市中心，我好不容易才找到。眼前的公寓楼大约长200米，底层被抬高，一条拱廊从街道延伸到楼中心，可通向其他建筑。

天气很热，拱廊上宽阔的支柱在远处投下长长的阴影。大楼中心，巨大的台阶和几根大圆柱取代了支柱，阴影形状发生了变化。在阳光的照射下，一切都被染成了象牙色。我还记得当时有几个人在空旷的拱廊上慢慢走过，一位妈妈手里拎着物品，身边跟着几个孩子。他们的身影时而出现，时而却又消失不见，拱廊里回荡着脚步声。大楼营造出舞台般的氛围，具有戏剧效果，但并不夸张，因为它在某种程度上对这几位人物也表现出温柔的一面。

这里仿佛就是整个意大利的缩影：壮丽与贫穷，遗迹和废墟。如此简单的混凝土建筑会有这样的暗示真是不一般。

整幢大楼的设计概念极其单一。拱廊上方的公寓平行排列，二楼和三楼上设有甲板通道。大楼面对的是一个大小适中的公园，正面为白色外立墙，墙上有一排大型的方窗洞，绿色的窗框、内凹的阳台，仿佛整个结构是个空壳。大楼虽然重复较多，但也因为这些元素而有了深度和阴影。到了大楼中间，层次上发生变化，重复中断，出现了几根圆形柱。这几根圆柱感觉像是来自另一幢更大的建筑中，拆除下来后被嵌入到这幢楼的正面。

罗西认为建筑物应该显示时间的流逝。他对这座城市的形式很感兴趣，也着迷于大型纪念物赋予这座城市身份的方式。尽管罗西的建筑表达形式总是非常基础，它的起源或类型也很容易辨认，但最终都被他的想象力所覆盖。他认为构建的形式应该是通用的，而不是具体的功能，因为如果它们持续使用，那么它的用途也会随着时间的推移而改变。

当然，我们不能寄希望于大型建筑群有如居家般的亲密关系。巨大的空间和大规模的公共建筑给我们每一天都带来巨大的变化。你也会想到高架水渠和露天剧场，思考用平整度和规模大小定义建筑类型的方式以及在露天的桥上生活是什么感觉。

我在罗西的宣言——《城市的建筑》中读到了这些东西，尤其是在现场感受到这座大楼的完美存在时，我更明白了他的意思。在建筑历史中寻找模型在当时是很新奇的想法，也完全不同于我受到的教育——开放式的经验主义。当然，这种观念还是要持续下去。

当时看到这座安静而强大的建筑，我感觉它早已对我产生了持久的影响。罗西的一本《科学自传》仍然是我认为建筑师当中写得最优美和最有说服力的作品。我们成立事务所之初，正是罗西引领着我欣赏身边不同的特殊建筑，包括弗洛里安·贝格尔的半月形剧场（就在贝格尔的办公室我遇见了现在的合伙人亚当·卡鲁索）、托尼·弗里顿的作品、雅克·赫尔佐格和皮埃尔·德·莫隆的早期作品（两位都是罗西的学生），这些作品建造的方式很新颖，但骨子里却透出古典的气质。

它对我们作品的影响，更多的是体现在思想和情绪上，而不是外表。正如罗西写道，他对纪念性建筑感兴趣，同时也喜欢这座城市和城市中普通的背景建筑，但后者正是现代主义建筑师最反感的东西，他们总希望一切崭新而不同。在与现有建筑物或建筑碎片打交道以及寻找设计的连续性中，我们的作品中也经常出现一些熟悉的元素，这样做的目的就是为了减少新旧建筑之间的差别。

罗西说过他的基本原则就是只坚持一个主题。我认为建筑师的确总是在做同样一个项目，只是技能在不断提高，所处的情形不一样罢了。要想自始至终关注所有细节完成一幢建筑是个漫长的旅程，其困难程度不亚于设计之初的几个月。若干年后，如果它足够出色，人们自然会认可它，即使使用的方式与当初的设计意图大不相同。

如今故地重游，感觉这里比以前更有吸引力。景观已经成熟，人们在通道上摆满了花草植物，有一种安家落户的感觉。拱廊上还装上

了不那么好看的吊顶。但其忧郁的气质以及不朽的品质依旧还在，这种印象早在30年前就已深深烙在我的心中。

米兰纪念碑式的建筑　加拉拉泰斯住宅大楼让阿尔多·罗西（1931—1997）声名鹊起。大楼位于米兰西北部新开辟的郊区，是卡罗·阿马尼诺设计的大型建筑群中的第5幢，整个建筑群共有440套单元公寓。

穿过阿马尼诺设计的大楼内部露天广场，来到罗西设计的大楼。这是一幢长200米的矩形大楼，底层拱廊上方为走廊式公寓。每套两面朝向的公寓都有一个内包阳台，可以俯瞰公共花园或露天广场。

根据罗西的说法，这种形式是参考了20世纪20年代米兰的走廊式住宅。原规划中拱廊内开设商场的构想没有实现。大楼最初对外开放，后来设置门卫进出管理制度。这也许是它看起来保存完好，没有涂鸦和垃圾的原因。

上图：罗西的加拉拉泰斯住宅楼长200米，前面是成熟的公共景观，公寓为两面朝向。

对面图：壮观的拱廊贯穿加拉拉泰斯住宅楼。彼得·圣约翰欣赏这种大规模的公共建筑，给人们的"每一天带来了壮观的感受"。

皮尔斯·高夫在伦敦
金融城巴比肯屋村。这座
复杂的巴洛克式建筑，极
大地影响了他所从事的建
筑师工作。

巴比肯屋村项目

地点：英国伦敦金融城

建筑师：钱伯林-鲍威尔-邦建筑师事务所

项目完成年份：1982

推选人：皮尔斯·高夫（CZWG建筑师事务所）

20世纪60年代中期，我第一次去建筑联盟学院深造。当时的伦敦大型建筑包括邮局大楼；中心点大厦因冷清而出名，因为大厦电梯每晚只运作一次；优雅的经济学人建筑群（见本书第24—29页）深受建筑师和规划师的崇拜；伊丽莎白女王音乐厅和海沃德画廊的混凝土里层都暴露在外面；当然还有巴比肯屋村。

这其中要属巴比肯屋村最神秘也最为壮观。紫色的砖墙砌成的"大城堡"包围着三幢气势雄伟的住宅塔楼，较低的办公板楼被安排在一条要道的两边，这条要道被文绉绉地称为"伦敦墙"。巴比肯屋村透出英雄般勇敢的气质，在表面效果处理上深得野兽派建筑风格的精髓，但同时也体现了美国已故现代主义建筑师保罗·鲁道夫在苍翠的风景中所展现出的曲线和组合式的智慧。

伊莱亚·泽莱斯利亚曾是我们在AA第一年的导师，后来他和雷姆·库哈斯一起创办了大都会建筑事务所。伊莱亚带我们分别了解了俄国构成主义、鲁道夫以及所有散发出英雄般气质的建筑。他特别钟情于研究建造立体城市的内在可能性，这种城市的立体性在意大利建筑师安东尼奥·圣伊莱亚的画中表现得淋漓尽致。我们的毕业设计由彼得·库克负责，库克倡导的是建筑电讯派。立体城市的设计理念又得到进一步强调，不仅要抬高道路和行人行走的高度，还要各种高度的迷你移动设备从不同角度来运送行人。建筑物成了一副骨架，只是插入荧光色调和火爆元素来作适当的调整。

在巴比肯有着多层步行街，最接近复杂的未来立体城市模样。在我看来，这个新世界始于伦敦是一件令人兴奋的事。市政当局甚至还规划了在现有的街道周围安装上层步行天桥系统。

巴比肯最令人振奋的地方在于建筑师的雄心壮志，他们竟然能够从头到尾把这么大的项目不折不扣地完成，要是放在今天实属罕见。从项目的构思到执行全部由一个团队完成，这与当今的做法形成了鲜明的对比。如今的项目对建筑师总是吹毛求疵，建筑师像走马灯一样换了一个又一个。

这种自信让我想起了20世纪60年代，当时建筑师们不但信心十足，也颇受尊重。建筑师的使命是建造世界，改变世界。但是让我感到沮丧的是，在中国和中东海湾地区建造新城市时，他们不愿尝试多层的立体城市结构，那里只有宏伟的林荫大道，两旁是独立的巨型建筑，类似于19世纪的巴黎。

巴比肯像一幅立体拼图，人身处其中，到处都是建筑和景观的结合，根本不知道一楼在哪。环顾四周，真觉得自己处在一个孤岛上。

但事实上这些建筑并没有孤零零伫立在那儿，而是融进了不同层次的景观中。说起景观，这些广场是全伦敦最迷人的地方，不仅可以尽享公共步行空间、步行街道，整个巴比肯尽收眼底，还可欣赏独一无二的湖泊。

三位建筑师有着非常娴熟的舞台布景技巧，手段也极其高明——雕塑庭院周围是个奇妙的曲线构造。底层建筑几乎都是摩尔式壳体屋顶，看上去非常奇妙，也很有趣。他们当然不会对自己的风格有所保留，作为纳什、凡布鲁的忠实追随者，他们继承了传统的巴洛克风格，在景观设计中充分展示出来，巴比肯也成为20世纪巴洛克建筑中最伟大的作品。

巴比肯能给人带来纯粹的身体上的愉悦——建筑可以这样把横向的长度和纵向的高度结合在一起。我仍然认为这里有全伦敦最漂亮的住宅，横向的住宅体现了平整度和重复性，塔楼的垂直度也得到同样的强调。这三座塔楼有个共同点——闷骚、粗犷，不经意间给人留下深刻印象。塔楼提供了最基本的住宿条件，宽大的阳台因其独特的轮廓而清晰可见。

湖泊周围的中心地带，壮观的空间看起来似乎由水平方向的建筑所界定，但同时也流畅地接入其他重叠的空间：圣吉尔斯克里普盖特教堂，伦敦城市女子学校（像护城河一样，与湖泊融在一起），艺术中心的餐馆一直延伸到朝南的露台，湖中有下沉式花园。最令人叹为观止的是剧院，整体结构由巨大的柱廊支撑，欢快地从中心地带跨过，公共桥梁（人行天桥）悬在剧院下面，架在底层架空柱之上，真是壮观。

当然，这座混凝土作品并不符合每个人的建筑品位，但它的质量的确一流。镐锤修琢的混凝土真是太棒了，你都可以看到锤子捶打的痕迹。嗯，尽管看上去有点脏兮兮，但这是一件工艺品。

如今半个世纪过去了，巴比肯村日渐成熟，散发出迷人的魅力。

建筑群的艺术中心大楼是后来建造的，所以生拉硬拽的痕迹很明显，但我很喜欢它的内部结构，其复杂程度与外部不相上下。有些内部材料非常考究，金色的铜扶手不仅给皮拉内西式空间带来了恰到好处的细节处理，还增强了台阶通道上宽下窄的戏剧效果，好像赛马场的起跑处横斜排列的马闸。

造成巴比肯名声不佳的两个原因之一就是山毛榉街（Beech Street）的地下通道如同地狱一般黑暗，另一个原因则是找不到往上一层的通道。批评的声音未免有失偏颇，因为我们经常期盼自己迷失在城市中，然后再发现意想不到的路线和风景，对此我们总是乐此不疲。巴比肯村手中就有这些王牌。

巴比肯对我的最大影响是信心——建造巨型建筑的信心。它赋予我灵感，让我设计出看上去能热血贲张的建筑，虽然不一定是经典，但是坚固、现代、轻盈。巴比肯也教会我不必为所处的时代感到焦虑。尽管这不可避免，但是有魅力的、壮观的建筑可以是永恒的。抓住机会力争去设计特别的，令人兴奋的甚至是巴洛克式的建筑是种挑战。

即使我因为迷路而错过了电影的开头部分，我还是觉得巴比肯真正了不起。遗憾的是再也找不到第二座这样的建筑了。

巴洛克式堡垒 巴比肯屋村建于一个"二战"时期遭受轰炸后的废墟，整个建造过程漫长而充满艰辛。

包括学校和花园在内的居住区规划始于20世纪50年代初，所有的设计都由钱伯林－鲍威尔－邦建筑师事务所负责。20世纪60年代期间，决定增建艺术中心。经过伦敦市议事厅有记录以来最长的搁置争论，中心最终得到批准建设。

在建筑群内迷路一直是个问题，尽管后期加建艺术中心也无济于事。另一个问题是伦敦市法团（Corporation of London）规定停止建造一系列连接建筑物的人行天桥。（注：伦敦市法团：伦敦市的一个迥异于其他市镇的政府组织，是一个历史可以回溯至12世纪的古老组织。大伦敦政府由一个直选产生的伦敦市长领导，并由一个25人的伦敦市议会监督。33个区政府由伦敦市法团及伦敦自治市议会管理。）2007年，奥尔福德－郝尔－莫纳汉－莫里斯建筑师事务所对艺术中心进行了大规模整修，引进了新的引导标志。2001年，整个建筑群被列为二级*历史保护建筑。

拜客房地产项目

地点：英国纽卡斯尔

建筑师：拉尔夫·厄斯金

项目年份：1969—1983年

推选人：莎拉·费瑟斯通（费瑟斯通—杨建筑师事务所）

莎拉·费瑟斯通重游纽卡斯尔风景如画的拜客房地产项目，在"拜客墙"的南面留影。

我还在金斯顿上学时，一次偶然的机会发现了拜客房地产项目。当时我们的教授更钟情于现代主义最纯粹的形式——密斯、柯布西耶，以及像史密森夫妇和罗西这样的后继者。拉尔夫·厄斯金似乎与学校的理念背道而驰，他展现出更人性化的建造方式，这点让我很感兴趣。因为他的设计方向来源于社会的接触和融合，所以他并不拘泥于建筑即物体的形式主义理论，似乎更关心人和建造的过程。

我对拜客一直念念不忘，但直到20世纪90年代末才去参观。当时它已经破旧不堪，四处走动甚至会感到一丝害怕。尽管如此，它还是激起了我的兴趣。厄斯金精心编排的街道和公共空间，以及对日常生活细节的关注，让我感到既舒服又兴奋，可以看出他对这个项目的喜爱。

由于当时大众强烈反对贫民窟清除计划，于是厄斯金受邀设计拜客再造项目，因为他以善于与人打交道而闻名。他和他的团队在老拜客区域内开店，甚至一些同事还住在泰恩塞德陈旧的复式住宅内，为的就是深入了解这个地方，挖掘更多人们想要的东西。

厄斯金采取的方法相当具有实验性——他并不是以总体规划开始，而是通过与居民合作，打造"意向计划"来创建新社区。这种做法初步取得成果，整体的拆除得以制止，社区精神得以保存。此外他还提议分阶段开发，允许居民依旧住在自己的老房子里，直到新房子建成为止。

当时许多贫民窟被推倒重建，取而代之的是一些单一、重复、毫无情感的住宅楼。但是拜客项目绝非如此。厄斯金设计了一系列从1层到13层不等的住宅，为的是保持建筑的高密度。房屋类型众多，体现了其多样性。原有刻板的网格式街道布局中，旧的复式住宅沿着陡峭的山坡向下延伸。为了更贴近地形，这种布局被打破，取而代之的是横穿小区的新开辟的通道。他还引入街道和庭院的等级制度，在排屋群和公寓楼周围形成较小的街区。此外，他还认为原来社区的建筑应该作为标志物保留下来，并与新建的建筑群建立联系，如圣劳伦斯教堂和石像浴室。

有趣的是，整个项目中最高的建筑不是"拜客墙"，而是"汤姆·柯林斯大楼"。我很喜欢这幢楼，人们通常把老年人住宅和低层住宅联系在一起，但在这里能欣赏到城市美丽风景的恰恰是老年人。

最初，沿着拜客北面有一条高速公路在修建，这就是"拜客墙"名声欠佳的原因之一，因为它是用来屏蔽高速公路的噪音。但是厄斯金也有意利用缓冲墙的概念，挡住来自北海刺骨的冷风，创造微型气候圈。墙体面积巨大，朝北的窗户狭小，看起来似乎很威严，不带一丝感情。但是厄斯金有办法来分解这么大规模的建筑。他不但改变房屋的高度和屋顶的轮廓，使"拜客墙"看上去高低起伏，错落有致，还改变砖块排列图案。这种变化在门道上更加明显，好像传统城墙上一个个的缺口，光看外面的图案几乎就可以猜出房屋内部的模样了。

尽管高速公路最终没有建成，但是"拜客墙"并不是像一些人说的那样成了奢侈而无用的摆设，因为它仍然阻隔了交通噪音，并且也形成了气候圈。这里的树木长得枝繁叶茂，郁

郁葱葱，奇花异草争奇斗艳，令人赏心悦目。

对很多人来说，拜客吸引他们的原因是"拜客墙"以及色彩鲜艳的房屋。但除此之外，我的兴趣还在于建筑的多样性和对于细节的关注。这些不起眼的设计不仅开创了旧材料再利用的标准，也充分体现了建筑的本土化，如叠起来像鸟笼的通风井口，垃圾桶上面的花盆，甚至从老拜客小区中拆除的鹅卵石和装饰物等奇特的建筑碎片也利用在环境设计中。所有这些都符合人的尺度，也给每天的生活带来了乐趣。

拜客的设计既生动活泼又饶有兴趣。厄斯金利用坡度地形，改变建筑的尺度和高度，打破了单调性；他还关注风景的取景，先挤压空间，然后又释放。整个小区有点像意大利的山城，我也喜欢他重新打造熟悉的地方特色，比如传统的小巷。在拜客迷路不是一件坏事，因为总能很快在拐角处找到熟悉的地标。

在我看来，拜客风景如画，而且有种英国式的离经叛道。但许多人对厄斯金的建筑嗤之以鼻，觉得稀奇古怪，乡土味十足。这并不是对拜客的唯一批评。原本打算保留的社区，结果反而成了垃圾场。总的来说，这并不是建筑本身的缺陷，而是政治气候引起的社会问题。遗憾的是，许多英国地产项目都遭此下场。然而，拜客项目对这些问题具有较好的适应能力，这也是它取得成功的原因之一。建筑之间的排列松弛有度，一些空间的使用功能故意做模糊处理，使人们可以灵活地利用这些区域并划归为自家地盘。最近拜客被列为二级*历史保护建筑，本意为禁止拆除重点建筑，但同时也阻碍了人们改造自己的房子和花园。我不知道如果厄斯金知道后会怎么想。

厄斯金是超前于他的时代的，他在拜客试验的许多想法逐渐得到人们的重视。他的建筑风格并不是每个人都喜欢的，但在设计过程中展开议事讨论的方式以及对日常生活的关注对他有着持久的影响。

上图：各种通道渗透在整个大型房产项目中的角角落落，设计参考了原排屋住宅中的小巷。

对面图：著名的"拜客墙"包含620套复式公寓，当初是为了屏蔽规划中的高速公路噪音，最终这条高速公路未建成。

社区融合的建筑　在诺森伯兰出生的拉尔夫·厄斯金（1914—2005）是社区建筑的早期支持者，他提倡与居民进行广泛的协商和合作。厄斯金大部分工作时间都是在瑞典度过的，占地81公顷的拜客房产项目是他在英国最著名的作品。拜客项目位于市中心以东维多利亚式背靠背的排屋住宅区块中，明亮的色彩和特有的风格与当时的技术官僚型社会住房大相径庭。

项目重建之前，整个拜客区块容纳13000多人。项目建成后，有9000人居住在2000多套房子中。虽然绝大多数建筑都是两层楼，但最出名的是高达10层的"拜客墙"，内有620套复式公寓。厄斯金显然是模仿了瑞典的北极住宅。

拜客的多半项目是在1969至1983年之间建造的。到20世纪90年代末，拜克项目的问题越来越多，被视为问题工程。从那时起，尽管许多原来的商店都关门歇业，但还是对它进行了大规模的翻新。2007年，拜客被列入二级*历史保护建筑名录。如今，拜客归拜客社区信托基金所有。

上图： 生动的砖块图案表明此处为一条道路，可穿过"拜客墙"进入拜客住宅区域。

对页图： "汤姆·柯林斯大楼"的蓝色屋顶。这幢住宅楼是整个小区最高的建筑。

杰拉德·麦克康诺在住
宅开发项目——比雷埃夫斯
的内庭广场，这里曾是阿姆
斯特丹的码头区域。

比雷埃夫斯住宅楼

地点：荷兰阿姆斯特丹KNSM岛

建筑师：汉斯·柯尔霍夫联合克里斯汀·拉普

项目年份：1989 —1994

推选人：杰拉德·麦克康诺（麦克康诺–拉文顿事务所）

我的搭档理查德·拉文顿对汉斯·柯尔霍夫的作品很感兴趣，所以1994年在比雷埃夫斯住宅楼竣工之际，我俩就一起前往阿姆斯特丹参观。看到这幢建筑后我们兴奋不已——不是因为它的外形不同寻常，而是因为它与我们之间正在进行的一场对话有关。这场对话涉及到建筑可以是什么，外观如何体现性格特点等话题。柯尔霍夫在自己的作品中谈及建筑构造，指出建筑物外观的表达方式就是它内在的结构系统。他还提到建筑的"举止""性格"和"公民意识"的概念——这些都是我们在办公室里经常讨论的概念。

现在很难想象，当初我们第一次参观比雷埃夫斯时，它是岛上唯一的建筑。大楼伫立在岛上，是现代城市重建的一部分，也让人自然回忆起河流两旁曾经的仓库。比雷埃夫斯的沧桑也是我们在设计中喜欢使用的主题。

通常情况下，大型房产开发项目如未经市场检验或者需历经多期改造，刚启动时建造的建筑总是很廉价。但比雷埃夫斯是例外，它是岛上的第一座建筑，质量却是最高的——多数都由手工完成。由市政府出资打造的高质量大楼，为接下来的建筑定下了基调。2003年，我们在阿姆斯特丹设计的艾瑟尔堡4号住宅中也遵循了类似的标准。

从风格上来说，比雷埃夫斯不是传统建筑，但它不断地引用过去。许多对传统持反感态度的荷兰评论家强调大楼连续的折叠形式，并将其描述为标志性建筑，但柯尔霍夫感兴趣的不仅仅是单纯的形式，而是更复杂的概念。折叠形式只是实现构造表达的一种机制，会产生具体的效果，也有很强的存在感，但是柯尔霍夫并没有将其描述为标志性建筑。事实上，这幢建筑相当安静，也很低调，就像站在码头边的一位温柔的巨人。

这座建筑物没有显示它的确切功能，站在它面前，很难判断是住宅大楼还是办公大楼。相反，它的角色是一件容器，可容纳不同用途和类型。我们也探索过类似用途不明的大楼的表现形式，寻求中立性会引起意想不到的结果。

门的高度很奇妙，也很有装饰性——走进大门，会让人意识到自己住在一幢非常漂亮的建筑里。受其影响，我们明白再简单的建筑也少不了装饰。20世纪90年代，装饰大楼的想法根本不流行，而比雷埃夫斯却反其道而行之，坚定地追求自己的目标。光凭这点我就认为它远远领先于所处的时代。

比雷埃夫斯公寓类型繁多，共有56种，这也是这座建筑如此成功的原因之一。它吸引了有各种需求的人，似乎能容纳在街头看到的所有不同。这种多样性使大楼成为街道的一部分，同时也是城市的一部分。

比雷埃夫斯处理公共和私人之间的边界问题非常明确。没有所谓的"中间"领域，所有的入口都在建筑物的外面清晰可见。地面层的立面不是咖啡馆、零售店，而纯粹是砖砌墙面。这种设计避免了建筑物沦为典型商业建筑的下场，但同时保证周围有商业活动。荷兰的住宅建筑非常好地处理了建筑与公共空间之间的关系，市政当局、建筑监管部门和维斯丹德（Welstand）委员会（相当于设计审查小组）共同参与，确保大楼周围的环境能正常运转。对社会的关注在20世纪90年代才刚刚兴起，但比雷埃夫斯在这方面已走在了前面。

大楼的西立面是过道空间，如一件艺术品，在我看来是锦上添花的作品。艺术家和建筑师之间的配合往往不尽如人意，所以附加在建筑上的组件也会显得很不协调。但这里恰恰相反，这些艺术品与邻近的公共空间相互回应，尤其当晚上面板被照亮后，神秘又温暖的灯光会从建筑物中散发出来。整个设计都优先规划公共空间，每个设计都有其意义，而不是空摆姿势。

比雷埃斯大楼，加上我们设计的赞内朗（Zaaneiland）欧洲住宅，是最早将砖视为荷兰传统建材的几个项目，也因此经常被放在一起讨论。20世纪90年代初，荷兰的建筑师们都喜欢使用混凝土和灰泥，建筑屋顶平坦，具有明显的现代主义风格。如今几乎所有的客户都想要一座砖砌建筑，因为它更经得起风吹日晒，哪怕旧了看上去也非常优雅。有趣的是，当初恢复荷兰这个传统的恰恰是两位外国建筑师。

再次回来参观这幢大楼时，我没有感到失望。对我这种恐惧时间流逝的人来说，它身上那种不确定的永恒让我感到安心，因为它总是在恰当的时候给我带来安定感。

码头复兴 作为阿姆斯特丹东北部港口地区重建的一部分，比雷埃夫斯是一个在KNSM岛建造的住宅开发项目。该岛是1874至1924年间为客船和货船建造的几个人造半岛之一。项目地块位于该岛的南端，包括一幢必须保留下来的20世纪20年代的三层建筑。项目取名为"比雷埃夫斯"是为了纪念这里曾是希腊和荷兰的贸易纽带。

德国建筑师汉斯·柯尔霍夫打造了一幢整体建筑。大楼在已有的三层楼老建筑后面围合起来，沿着水边延伸，最后返回，形成两个内院广场。不临水的北立面建筑有9层，但在南立面，它从6层被"折叠"到4层。西立面被砍去一部分用来建造"通道"，由艺术家阿诺·范·德·马克设计，为4层高的柱廊。

该开发项目曾一度被戏称为"黑恐龙"，现在公认为是水边建筑的典范。

左图：公共入口，入口两侧的信箱有装饰作用。杰拉德·麦克康诺说："走进大门，会让人意识到自己住在一幢非常漂亮的建筑里。"

右图：比雷埃夫斯大楼西端4层高的柱廊通道，由艺术家阿诺·范·德·马克设计。通道上方的公寓可俯瞰公共花园。

宗教场所

大卫·阿彻尔在维也纳斯坦霍夫教堂内，这座教堂是他们事务所设计维也纳无忧宫酒店的直接灵感来源。

斯坦霍夫教堂

地点：奥地利维也纳

建筑师：奥托·瓦格纳

项目年份：1904 —1907

推选人：大卫·阿彻尔（阿彻尔–汉弗莱斯建筑师事务所）

20世纪80年代初，当我好奇地探索不同的建筑表达方式时，我第一次在书中看到了这座教堂。

当时，人们对野兽派和抽象的混凝土结构嗤之以鼻，而对艺术和手工艺运动则兴趣激增。在新西兰的坎特伯雷大学和巴特莱特建筑学院求学期间，我压根都没关注这类事情。但后来到维也纳工作，为了了解这座城市建筑的丰富性，努力打造自己的风格，我前往斯坦霍夫教堂参观。

当时朱莉·汉弗莱斯和我正在设计一家酒店，要打造当代维也纳式的内部装饰，似乎没有比这更棒的地方了。那是一座非常漂亮的教堂，建筑师为奥托·瓦格纳，同时他设计了另一座重要的维也纳建筑——邮政储蓄银行。虽然教堂位于城市的郊区，但山上风景秀丽，绿树成荫，可俯瞰整个城市。金色的穹顶教堂伫立在山顶，成为维也纳的地标，也是维也纳作为20世纪前卫城市的象征。

通往教堂的道路设计得非常巧妙，因为实际上这是一次精神之旅。游客可走过大门来到疗养院，然后穿过树林到达山顶的教堂。

从形式上看，教堂就外形或特征而言并无任何新意，尽管大理石固定石板看上去很有趣，因为它不是教堂的承重墙，而是外包层。但这是次要的，教堂的真正之美在于它的内部设计。在这个集中式规划的教堂里，静谧的古典主义风格弥漫其间，瓦格纳委托所有的艺术家参与其中，把装饰想象成对天国的直接表达，烘托出浓厚的艺术氛围。

教堂的装饰具有现代性，以白色为主基调，带有浅金色的花纹，属于现代抽象装饰风格。我认为这点与惠斯勒（Whistler）产生共鸣，惠斯勒在他的绘画作品《白色交响曲》中一直在探索白色。现在我们看来整体的效果似乎有些华丽，还有一点颓废。然而在当时，斯坦霍夫教堂被认为是一个相对稀疏、抽象的空间。

最吸引我的是装饰与空间的建造同步完成，这使装饰更具现代性。整体装饰强调垂直分布，从下到上分别穿过几条水平分层带，包括装饰性很强的地板、地砖，大理石护墙以及护墙上饰有凹槽的灰泥墙，灰泥墙上的浮雕凸显。

穹顶的内部也经过精心设计，为了符合穹顶的直线图案，每一个正方形都有凹槽板。环顾四周，不经意间会发现装饰中有种戏剧张力。我特别喜欢那四盏吊灯，犹如水滴形黄金吊坠从天堂降临人间。

祭坛和讲坛的装饰尤为精细，类似古斯塔夫·克里姆特风格的抽象漩涡和花朵非常引人注目。彩色玻璃窗的玻璃为蓝色三角形抽象图案，与查尔斯·雷尼·麦金托什在格拉斯哥艺术学院（见本书第46—51页）中的花卉设计风格很相近。

教堂的设计也非常实用。地面朝祭坛高处倾斜，为的是祭坛的视线更好；教堂的长凳设置则是为了适应形形色色病人的不同心理状态；长凳附近有门，如果哪位病人感到不舒服，可迅速转移；忏悔室的设计更加开放，可以随时看到病人；细木工活也做得很出色。

最近我们为维也纳的无忧宫酒店设计内部装饰时，灵感就直接来源于这座教堂。咖啡厅里安装了同样的吊灯，在餐厅则借鉴了饰有凹槽的墙壁和石头基准面。大厅地板镶有大理石装饰，卧室则使用了大量的黄金花饰。

在伦敦，我们经常可以发现19世纪和20世纪的城市老建筑被赋予新用途，而在这里，这座教堂依然在100多年后还作为医院的一部分对外开放。在我们PFI（私人筹资模式）医疗保健背景下，看到这样一座在艺术上占有重要地位的建筑还在发挥着它最初的功能，这不得不令人称奇。

虽然这座建筑有许多优点，但最引人注目的或许是它将最小的装饰物（比如祭坛上无限反射的雕刻玻璃）与教堂、风景和城市联系在一起的能力。

这里创造了一座连接天堂和人间的建筑，可以说是一个真正的静默冥想之地。尽管它的风格与17世纪的菲利普·布鲁内莱斯基和博罗米尼建造的传统教堂一致，但骨子里还是一座非常现代的建筑。

上图：教堂内部装饰以白色为主基调，配有浅金色的花纹和现代抽象装饰。

对面图：教堂为金色穹顶，伫立在山巅，是维也纳的地标。它至今仍被用作医院的教堂。

维也纳旋风　维也纳著名建筑师奥托·瓦格纳 （1841—1918）在城市郊区为斯坦霍夫精神病疗养院设计了一座壮观的天主教堂，这座建筑引起了极大的争议。作为欧洲第一座现代教堂，同时也是教会的青年风格典范，这座教堂备受崇敬。尽管如此，但因其过于简朴的外表和固定的传统装饰风格而受到广泛批评，因为人们对它的期望是巴洛克风格。

受到这些负面反应的影响，瓦格纳的事业也戛然而止。瓦格纳整体规划了占地144公顷的疗养院，包括一系列的景观凉亭。教堂位于疗养院的顶部，走过一条宽阔的台阶即可到达。

为满足会众的需要，教堂经过精心设计。教堂坐北朝南，可避免强烈的太阳光直接照射。教堂两边的侧门可以让那些无法安静的人迅速离开。这座教堂于2006年修复，至今依然开放，供医院的病人使用。

迈克尔·斯奎尔在
哥本哈根的格伦特维教堂
里，他喜欢这座教堂"单
一的砖块颜色却有无限色
度的变化"。

格伦特维教堂

地点：丹麦哥本哈根

建筑师：彼得·维汉姆·詹森–克林特

项目年份：1913 —1940

推选人：迈克尔·斯奎尔（斯奎尔及其合伙人建筑师事务所）

砖块在丹麦是一种普通的建材。但在格伦特维教堂，建筑师彼得·维汉姆·詹森–克林特让普通的砖块变得非同寻常。几年前我第一次去哥本哈根出差，有机会见到了这座教堂。随着我对它的了解慢慢深入，对它的兴趣也更浓。它向世人展示了建筑可以保留自己的文化根基，同时还能成为当代形象的代言人。

教堂的外部构造显得强而有力，并富有表现力——既有哥特式建筑的影子，也混合了古典式和当地的丹麦建筑。教堂外形受到有机晶体形式和当代未来主义形象的影响，但是组织方式却采用了传统新西兰乡村教堂的框架结构。

看过教堂的外部构造，我还真想不出内部的模样——它会不会是一个超大面积的木材仓库？其实不然，高耸的砖拱顶形成诗意的排列，材料是与外立面一样的黄油砖。黄油砖经过抛光，颜色被保留下来，营造出平静、克制但却非常强大的效果。

教堂的很多东西在发挥着作用，而詹森–克林特的表达方式非常经济。他其实就使用了一种元素，只不过通过多种不同的方式巧妙处理而已。除了结构，他颠覆了所有哥特式的表达，用基本的材料创造出诗意。这样一来，教堂就和NFS·格伦特维本人有了联系——教堂是为了纪念他而建造的。因为格伦特维也强调传统丹麦文化的简单和平凡，并且坚信大众的教育是建立在简单的基础之上，它不会贬低丹麦的文化生活，反而会起到丰富的作用。

教堂的魅力在于它植根于自己所在地的历史和文化——这是它的本源。我喜欢詹森–克

林特把教堂称为"建造的文化"，但同时它仍然是一件完全属于当代的作品。我自己的建筑抱负正是源于这种观念：建筑应该与所在地有文化关联。

詹森–克林特喜欢乡村教堂，格伦特维教堂的设计来源于非常朴素的田园新教传统，而不是强调繁文缛节的天主教。因此，它在很大程度上是丹麦的一部分——把它放到别处还真不合适。

詹森–克林特在成为建筑师之前曾是一名工程师，他认为建筑师应该接受的训练是建造房子而不是设计房子。他亲力亲为，12年来每天都去施工现场，还绘制建造所需的每一个细节。从1913年赢得设计竞赛到寻找建造地址，筹集资金，再画出教堂的每一张设计图，我着实钦佩他十多年来坚持不懈地追求自己的梦想。虽然詹森–克林特去世后又过了10年教堂才竣工，但他了无遗憾，因为他已完成了所有的设计。"侥幸"两字从不出现在他的字典里。

詹森–克林特的竞赛获胜作品位于新住宅开发区的核心。虽然哥本哈根城市规划者提出了古典风格的住房方案，但詹森–克林特将这些规划做了调整，使整体布局更自由，也更像中世纪风格。

原有的规划是将最高住宅楼群建在离教堂更近的地方，并朝着教堂的方向逐渐增加楼群的规模。但詹森–克林特的想法却恰恰相反，他把教堂抬得出奇得高，与周围的房屋形成强烈的对比。

住宅楼的建设最终也被詹森–克林特全权接管并加以细化。这种建筑设计势必会借助艺

术和手工艺运动的势头而发生变化，但是詹森–克林特知道这会导致成本高涨，随之而来还会出现精英主义，这都将最终毁了整个项目。所以除了连接的门廊给每一组住宅独特之处以外，整座住宅非常简洁，经济上也完全可以负担得起。

教堂的内部装饰被批评为东拼西凑，风格驳杂。拱顶当然源于哥特式传统，但没有一件装饰物——没有彩色玻璃和艺术品，甚至连十字架都没有，根本不像教堂，因为教堂总是通过这些东西来控制会众。

整体设计没有天花乱坠的描述，也没有花里胡哨的技巧。单一的调色板上只有表达结构的砖块，但砖块颜色有无穷的变化，呈现出好几种色度——泛出粉红、橙色、黄色，就像粗花呢一样，所有的变化都解读为一种颜色。

砖块的排列方式非常棒，地板上呈现出人字形图案；地面向拱门略微倾斜；砖块在起拱层处像水手的航线一样转弯，暗示到了重要地方;砖块向入口大厅内推进，使外面的三道门显得很有深度，这种设计像巴黎圣母院或沙特尔天主教堂。

就像路易·卡恩所说的"尊重砖块"一样，在这座教堂中砖块得到了强调，而且也的确非常合适教堂本身。它只是做了自己的应做之事，让人看到自己的每一块材料。教堂在刚落成时就受到了各方批评，认为它不适合纪念格伦特维，也不适合重塑新教教堂的谦卑传统，但我认为正是砖块的使用才使这座教堂更接地气。

到了20世纪，建筑师们往往会受到工业化建筑概念的诱惑，但这座教堂不是工厂流水线

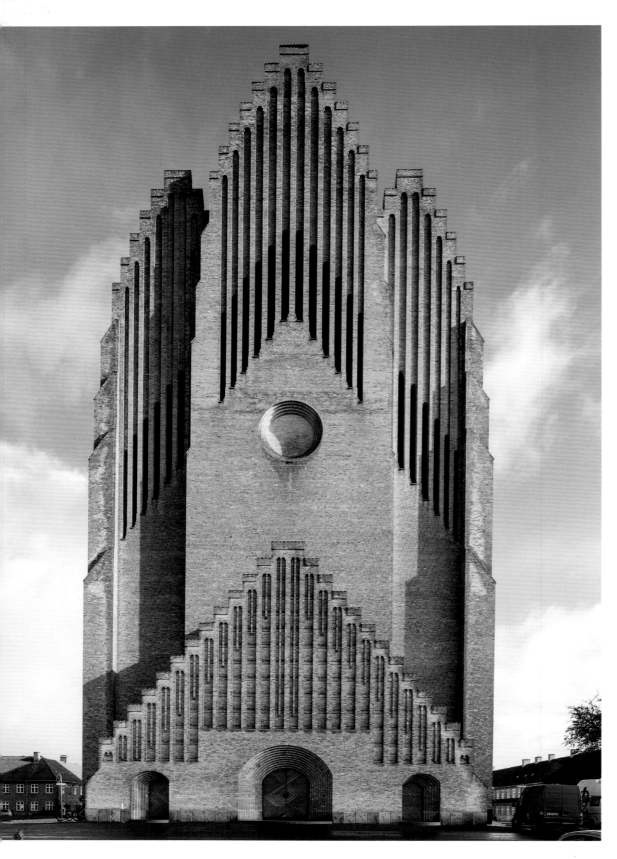

的产物，而是精心打造的工程。据报道，整个建设期间只有9位砌砖工人，他们一共砌了多达500万块砖，施工速度是每天砌150块砖，而不是通常的1500块。

教堂的每一个角落都透露出高超的施工水平，尤其是地下墓室拱顶的贴砖工艺。这里并不存在任意武断，而是体现出非常强的逻辑性。每一块室内砖都经过打磨后才可使用。这听起来很疯狂，但却是一种美丽的疯狂，展现了建造纪念碑式建筑的严谨。

尽管格伦特维教堂存在着一个问题，它是唯物主义时代下的教会建筑。但是这座建筑所拥有的精神和永恒，我相信在未来的几个世纪里仍旧值得珍惜。

宏伟的格伦特维教堂的正面图。教堂坐落于城市郊区一个新住宅区的中心地带。

地下室全部由砖砌而成，与教堂的其他部分一样，唯一的装饰来自砖层的变化。

砖砌建筑纪念碑　NFS·格伦特维（1783—1872）是一名牧师、赞美诗诗人和教育家，是现代丹麦民族意识形成的关键人物。格伦特维教堂是为了纪念他而建造的。

1913年，建筑师彼得·维汉姆·詹森-克林特（1853—1930）提议建造一座教堂纪念格伦特维，最终他赢得了建筑设计竞赛。他的设想是，在中世纪的新西兰乡村教堂的基础上建造一座大型丹麦乡村教堂，哥特式风格也考虑在内。詹森-克林特还深受德国建筑师彼得·贝伦斯和弗里茨·霍格尔（见本书第14—19页）的影响，这两位建筑师当时也运用砖块打造富有想象力的建筑。项目开始于1921年，1927年塔楼落成。

1930年，詹森-克林特去世，他的儿子卡拉·克林特接替了父亲的工作，在1936年完成了邻近的住宅开发，并按父亲的设计完成教堂的剩余部分。整个教堂可容纳1440个座位，砖块用量达500万块。

左图： 高耸的砖砌拱顶。教堂的设计分别借鉴了哥特式、古典式和当地丹麦乡村的建筑。

右图： 往祭坛处看的视角。迈克尔·斯奎尔欣赏砖砌设计的"真正不朽的严谨性"。

泰德·库里南在位于
朗香的山顶圣母礼拜堂的
主礼拜堂内。他第一次去
那里是在1955年，当时礼
拜堂刚落成。

山顶圣母礼拜堂

地点：法国朗香

建筑师：勒·柯布西耶

项目年份：1950 —1955

推选人：泰德·库里南（库里南工作室）

10月末美好的一天，下午4点，我坐在朗香石头金字塔边，那是一座为了缅怀无数反纳粹游击队员和伞兵的纪念塔。在法国东部孚日山脉南部地区的激战中，这些士兵全部壮烈牺牲。

在我面前的就是勒·柯布西耶设计的山顶圣母礼拜堂的东立面，礼拜堂建在"二战"中被摧毁的老礼拜堂的旧址之上。左边是柯布的德斯帕乐林酒店，设计复杂得不可思议，却透露出质朴可爱，屋顶上还有草坪。酒店在视觉上处于整片平坦草地的边缘。礼拜堂、金字塔和一排钟柱都坐落在这片草地上。草地的另一边是一些树木，透过树木之间的空隙，向南可以看到起伏的山峦，往东、往北则可看到孚日山脉。

1955年10月的一天，我也坐在此处，那年我24岁。我沿着湿漉漉的道路，穿过肮脏泥泞的乡村，从伦敦一路骑车而来。大卡车从身边经过，溅起一摊摊的污水。DS19老爷车（对于汽车迷来说）呼啸而过，充满着未来感。我当时穿着松垮垮的卡其色短裤和旧军上衣，推着自行车，从朗香村一路来到山顶小礼拜堂，身上又臭又脏，感到筋疲力尽。但是走在柯布西耶的杰作附近，我顿时来了兴致。走进礼拜堂，内部空间的探索同样让我激动不已。那时候我还是个天主教徒，面对外部环境与内部空间的结合，我似乎感到一丝恍惚。

多年以后的今天，我重新坐在这里，正是验证了这座建筑的伟大。20世纪涌现出包括毕加索、斯特拉文斯基以及其他许多值得崇敬的人物，勒·柯布西耶便是其中一位，他的礼拜堂仍然是这个世纪最动人、最完美的建筑艺术作品。

我又站在礼拜堂的东端。每逢举行大型仪式时，人群就站在这里。门廊巨大，顶部为混凝土结构，能全部挡住阳光。圣坛、十字架、布道坛和旋转圣母和圣子像全都置于门廊下。这种组合是如此的完美，即使未沐浴到阳光，也使整个山顶看上去既可爱又带有历史的厚重感。

我坐在这里，感到无比的满足，内心的快乐深沉而平静，一路伴我而来的各种刺耳音符已消失殆尽。

现在要到达这座礼拜堂，需沿着一条铺设沥青的道路往上走。道路蜿蜒起伏，与我1955年来时走过的原始路径大致相同。但路的尽头，一座白色混凝土结构停车场会突然出现在眼前。停车场横在柯布西耶原来设计的道路上，装了一扇滑动镀锌大门，大门紧闭，看上去很有挑衅的意味。

再笔直往前走，有一条灰白混凝土道路，通往新游客中心。这里必须先付费，然后才能到达笨重混凝土墙的另一头，最终踏上原来的路径。抬眼望去，凹凸不平的灰白混凝土道路尽头，柯布西耶的礼拜堂伫立在山顶，显得平静而又稳重，原始的混凝土颜色和白色混凝土喷射粉刷之间搭配协调。那么，这些白色的墙壁和道路还能做些什么呢？

现在我要说说伦佐·皮亚诺建筑工作室设计的新修道院，它的细节非常漂亮。它处在山脚，比第一个方案中的位置更靠近山下，这样的安排还不错，但是入口处的一部分——游客中心就不那么令人满意了。尽管两者设计相似，但结构组合上后者没有前者巧妙。但为什么这两座建筑同时出现在这里？原来在游客中心和教堂之间建造了一条简易索道，缆车可以带游客从朗香停车场和游客中心出发，穿过树林，在教堂的对角线上把人放下，剩下的三分之一路程游客可以从草地上悠闲地走过。这座修道院也得以保留，里面住着可爱而又乐于助人的修女们。也许我们的后代会考虑更多的类似解决办法。

买过门票后，重新走上柯布西耶设计的路径。再次来到礼拜堂，内部和以前一样触动人心——这是一个极其宁静的地方，屋顶为巨大弯曲的下沉式混凝土，四周是白色的墙壁。光线的来源有四种：屋顶与墙体之间的空隙、南墙大大小小的窗洞、顺着三座塔下来的光线、还有西墙上的缝隙和圆点。

这里没有窗户，只能依靠各种各样的光源营造气氛。

但我确实有些吹毛求疵。旁边有三间小礼拜堂，顶部为天窗，要恢复这三间小礼拜堂往日的庄严，三座塔的顶部玻璃都需要清洁，肮脏的内墙也需要重新粉刷。此外，唱诗班应该如柯布西耶当初设计的那样，在内外相通的阳台上唱歌，而不是像我参加的弥撒那样，在墙边临时凑成的台上挤成一团。牧师或其他人应当从最初设计的布道坛上布道，而不是站在临时搭建的布道坛上。夜间教堂照明过度，光线可以调暗。毫无疑问，只要这个暗示就可以了。如能这样，我们便可恢复孚日山脉往日的辉煌了。

57年前，为了感受孚日山脉的风光，我又骑行了更长一段路才回家。路上还遇到了一场漫天大雪。如今我坐着火车来到这里，深秋的清晨阳光明媚，温暖舒服。朗香礼拜堂依然屹立在山顶，默默地见证着人间的沧桑。

孚日山脉的礼拜堂　在罗马天主教会的委托下，勒·柯布西耶的朗香山顶圣母礼拜堂标志着他的作品出现了彻底的改变。

礼拜堂以其壮观的孚日山脉景色回应了山顶遗迹。厚墙内的巨大立柱支撑着独特的混凝土挑出屋顶。内部装饰以戏剧性的南墙为主导，窗户上镶嵌着不同的彩色玻璃。除了主礼拜堂外，整个建筑还包括3间有屋顶天窗的小礼拜堂，其中一间叫红色小礼拜堂，以其墙壁的颜色命名。

1955年完工时，这座小礼拜堂震撼了这座伟大而优秀的建筑，半个多世纪过去后，由伦佐·皮亚诺建筑工作室设计的新游客中心和修道院遭到了广泛的批评，因为这两座建筑破坏了原本通往教堂的路线。

上图：主礼拜堂内南墙上的彩色玻璃，镶嵌在深凹的壁龛内。

对面图：礼拜堂东南面的景色。在右边可见室外布道坛、十字架和祭坛，左边是富有戏剧张力的南墙。

上图：勒·柯布西耶在教堂入口处设计的珐琅板。

主礼拜堂内祭坛一景。光线透过南墙的27个窗洞照射进来的纵深感很强。

礼拜堂东北面一景。
整座礼拜堂处于山顶，四
周景色开阔。

上图：克利潘圣彼得教堂。对建筑师帕特里克·林奇来说，参观这座教堂是一次令人兴奋的体验。

对面图：圣坛的外包层。和教堂的其他部分一样，都由未切割的砖砌成。

圣彼得教堂

地点：瑞典克利潘

建筑师：希古德·莱维伦茨

项目年份：1962—1966

推选人：帕特里克·林奇（林奇建筑师事务所）

莱维伦茨被人称为"沉默的建筑师"，但对我来说，他的建筑恰恰完全相反，诙谐、幽默，从不无聊，很有说服力。

看到真实的圣彼得教堂之前，我仅在光线模糊黑暗的照片中看到过。但当我亲眼目睹时，我着实感到目眩神迷，叹为观止——这是一种发自肺腑的震撼，从身体到心灵上的震撼。它是我最推崇的三大建筑之一，也是我获得博士学位的关键，因为论文主题就是关于场所、建筑和雕塑之间的交流运动。

因为教堂内部很暗，所以你的眼睛需要过一段时间才能适应。然后你就会明白莱维伦茨为朝圣活动安排了一个非常巧妙的舞台。有人说这里缺乏具体的建筑图像，但其实并非如此，只是这些图像存在于空间，而且已成为建筑结构的一部分。

莱维伦茨是虔诚的基督教徒，他的客户拉斯·里德斯泰特是位神学家。拉斯把教堂命名为"圣彼得"就是"岩石"的意思，这是对"克利潘"这个地名的幻想，在瑞典语中"克利潘"是"悬崖"或"岩石"的意思。这个想法引起了很大的争议。莱维伦茨非常了不起，他回顾小镇的历史，把这个地方深深扎根在时代中，连接克利潘河与约旦河，为这个以岩石命名的城镇创造出新的神话。

在瑞典，教徒们的列队行进和圣人节在路德教中得以保留。行进仪式是传统的耶稣赴难路的缩减版，包括擘饼仪式以及朝十字架行屈膝礼。圣彼得大教堂的空间运动方向非常明确，有着强烈的空间体验感。体验始于门厅，也就是婚礼礼拜堂，莱维伦茨把一艘船模型放在拱顶的曲线墙砖前，寓意圣彼得的渔夫生活。进入主教堂后，教徒们就座之前，要经过一个不同寻常的洗礼盆。莱维伦茨采用了象征海螺贝壳的洗礼盆，洗礼盆安放在蓄水池中，里面蓄满了水。在传统绘画中，施洗约翰曾用它来给耶稣施洗。每过一秒，水就会滴到洗礼盆下面的深槽内。

十字架在刚开始是看不到的。这是个考登（Corten）钢结构梁柱做成的十字架，如以孩子的高度从东边的入口看过去就非常明显。走向圣坛领圣餐时，一块巨大的蓝色挂毯高高地悬在上方，挂毯由斯文·艾里克斯森操刀设计。但一回头，挂毯却在另一边呈现红色——象征着基督承受的磨难以及救赎的血液。这时砖砌拱顶出现在面前，如乌云笼罩。

教堂的西门在夏天开放，会众可以眺望到湖泊，看到倒映在水中的云彩，那是遥远的天堂。列队走出教堂之后，经过三根倾斜的灯柱，灯柱清楚地代表了十字架上的基督和两个强盗。圣彼得教堂是个完整的景象，它将圣地活动空间化，这些活动构成了基督教的信仰，是圣体仪式的基础。教堂内虽然没有任何圣像或绘画，但它是主日学校的隐性课程。

所以要了解圣彼得，很有必要作为会众的一员亲自去体验。教堂的意义只有在体验中才会凸显，否则就会错过重点。

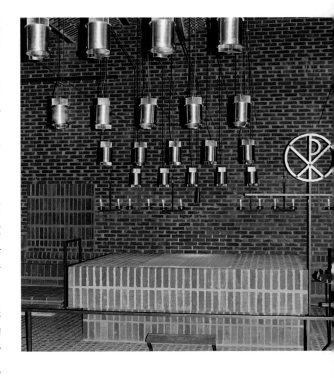

空间图像 1966年，圣彼得教堂和社区中心在一个原来叫阿尔比的小村庄竣工，该村庄从1945年开始逐渐发展成为以新兴的纺织业为基础的小镇。后来以当地河流中的一块岩石命名，改名为克利潘，在瑞典语中意为"岩石"。

教堂由未经切割的砖块砌成，所以故意显得黑暗和原始。这种设计根据礼拜仪式的空间需求，特别是教徒们在礼拜仪式期间进出空间的过程而展开。景观花园与浅湖是整个规划的组成部分。

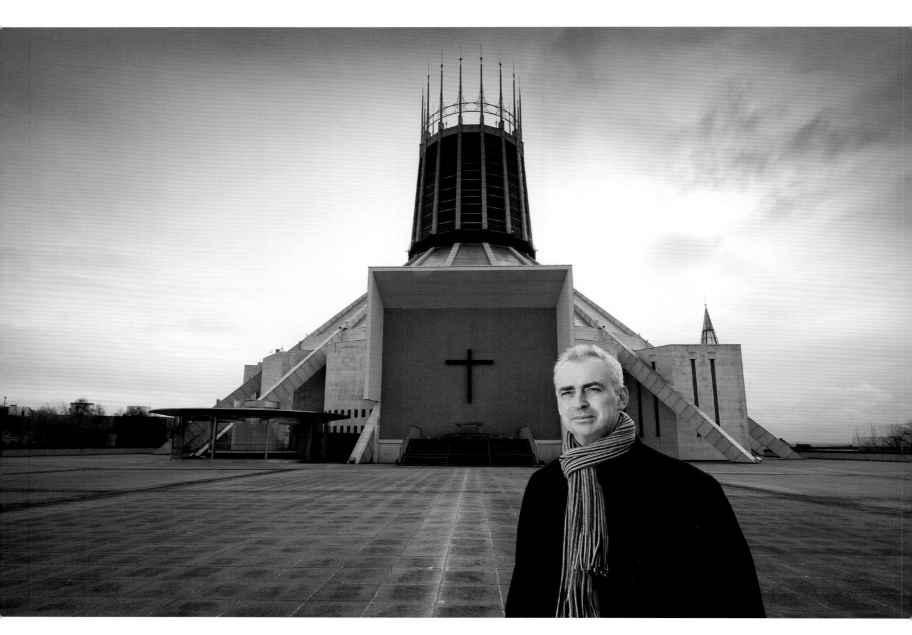

保罗·莫纳汉在基督君王大都会大教堂前，这座教堂以绰号"爱尔兰人的棚屋"而广为人知。

基督君王大都会大教堂

地点：英国利物浦

建筑师：弗雷德里克·吉伯德

项目年份：1967

推选人：保罗·莫纳汉（AHMM建筑师事务所）

这座教堂是我有生以来第一次接触到的现代建筑。我小时候在圣爱德华天主学校上学，每年的圣爱德华日，学校都组织我们去大都会大教堂参加庆典活动。

当时，这座建筑以其坚固的外形设计吸引着我，一旦进入室内，所有的光线和色彩都会让我着迷。20世纪60年代的利物浦既肮脏又混乱，随处可见炸毁的房屋、简陋的活动板屋和被烟熏黑的建筑。这座美丽的建筑似乎从尘垢中浮现出来，充满了亮光，非常具有艺术气息，有着很强的雕塑感。五六十年代是战后建筑蓬勃发展的时期，也是利物浦非常乐观的发展时期——码头仍在运转，披头士乐队正处于鼎盛时期——这座教堂正是捕捉到了此阶段的乐观主义精神。

它很快就因"爱尔兰人的棚屋"这个昵称而广为人知，并立刻得到了认同。我还头一次听到建筑也可以有绰号，很快这座教堂就成了利物浦的地标。毫无疑问它是一座现代建筑，但同时也非常受欢迎。

从这座建筑中我学到了很多东西，其中感触最深的还是一种观念：用满怀自豪和正直的心去建造的现代建筑可以受到公众的真心喜爱。

在利物浦同期建造的教堂还有圣公会大教堂，弗雷德里克·吉伯德很清楚这一点，于是他改变了设计方案，为的是让这两座建筑在城市的天际线上能互相补充。他在设计中引入了高尖顶，使大教堂看上去更加垂直，比例更加修长。尽管尖顶看起来像建筑物顶部的皇冠，但对于吉伯德来说，它们并非仅是装饰，尖顶之间的对角线交叉支撑能起

到抵御强风的作用。

在我眼中，这座大教堂是沧海遗珠，尽管它常常被指责借鉴了尼迈耶的巴西利亚大都会大教堂，很多人甚至认为吉伯德抄袭了尼迈耶，但实际上这座教堂比巴西利亚的教堂要早三年竣工。

我还是建筑系学生时，便着手了解吉伯德的建筑参考对象，比如勒·柯布西耶的朗香礼拜堂，尤其是巴兹尔·斯宾塞的考文垂大教堂。这两座教堂在结构和形式上结合得更优雅。但即使是在孩提时代，我也能在大都会大教堂看到非常清晰的结构。整座教堂就像巨大的帐篷或棚屋，有环形梁和连接索，结构上非常经济合理。当时预算为100万英镑，这对一座大教堂来说造价实在低廉。这又给我们上了生动的一课：建筑师的工作就是要在无需庞大预算的情况下设计出特别的建筑。

当初教堂设计竞赛规定，会众中的每一位教徒都应尽可能靠近圣坛。由此吉伯德认定，为了达到此目的，礼拜仪式必须按规定的路线举行。这对于当时的天主教大教堂来说是非常激进的想法。再次站在教堂里面，最让我震撼的是光线的质量和空间的戏剧性。当然还有非常漂亮的颜色，尤其是蓝色和红色两大元素。

当时大多数教堂在装饰上都是具象的，但这里要抽象得多。在圣坛上方悬挂的华盖或叫"荆棘王冠"，是圣器收藏室中的关键元素。作为一名强调功能性的建筑师，吉伯德不希望教堂内的任何东西都被解读为隐喻，尽管他意识到有时无法避免。所以华盖上还装有照明设备和扬声器，这样既能发挥实际作用，又具有象征意义。

整座建筑的平面图非常优雅，主教堂边缘有不同形状的礼拜堂。每个礼拜堂都有各自的特点，同时与主空间相通。其中圣母礼拜堂本身就是一座教堂。

虽然强大的空间元素占据了主导地位，但正是对细节的关注和各方面的协作使得这座建筑如此特别。许多艺术家接受委托，创作出贯穿整座建筑的作品，尤其是外围的礼拜堂。这些工作是对建筑整体的补充和加强。例如主空间的壁挂就有双重目的，它既可以遮挡坚硬的墙面又有助于传声。

此外，约翰·派珀设计了彩色玻璃塔，他也是考文垂大教堂窗户的设计者，塔内的颜色非常引人注目。有趣的是，尽管教堂经历了几次主要的翻新工作，创新的预制面板至今依然还在使用。

每次来这里，我都要欣赏教堂的大钟楼入口，还有它与希望街的关系。为了节省开支，滑动门是用玻璃增强热固性塑料（GRP）建造的，外面覆盖着一层青铜，上面雕刻着四位使徒，再上面是四口大钟，分别为马太、马可、路加和约翰。

这些年来教堂发生了很大的变化。原来的建筑有很多创新，但由于教堂出现了渗漏的现象，其中一些没有派上用场。教堂于20世纪90年代进行了一次大规模的翻新，包括飞扶壁整修，但整修工作相当粗糙，最初这些飞扶壁的外包层是马赛克。

传声效果是建筑体验的重要组成部分。大教堂的传声速度之慢人人皆知——一个音符来回得用5秒钟的时间。去年我参加了学校的颁奖仪式，并在那里发表了演讲，我的语速非常

作为众多礼拜堂之一的圣体礼拜堂，布局紧凑，为礼拜仪式提供了更亲密的空间。

慢，但其实没必要这么做，因为他们已经做了数字化改造。

我的老同学保罗·福尔科纳设计的新入口台阶很好地发挥了作用，让大教堂更接地气。教堂的背面还有个室外礼拜堂，然而感觉该区域被忽视了，这儿简直太简陋了。也许应该为它设立一个设计竞赛，给这件20世纪现代主义的作品注入新世纪的思想。

华盖位于教堂主空间内彩色玻璃塔下方，圆形的设计可以确保所有的会众都能接近圣坛。

王冠的荣耀 20世纪50年代末，埃德温·鲁琴斯气势恢宏的教堂设计被搁置，取而代之的是弗雷德里克·吉伯德的"爱尔兰人的棚屋"，预算也大大缩减。1960年，教区向公众发起了设计竞赛，但只有100万英镑的外壳结构预算。吉伯德的圆形设计是从300个作品中挑选出的获胜作品。新教堂于1967年举行奉献礼，2300人参加了仪式。

这座二级*历史保护建筑以吉伯德与几位艺术家的合作而闻名，尤其是约翰·派珀，他和帕特里克·雷辛斯一起创作描绘了三位一体的彩绘玻璃。其他艺术家还包括伊丽莎白·弗林克、塞里·理查兹和威廉·米切尔，他们负责青铜拉门的制作和波特兰石钟楼上的雕刻。

可惜的是，教堂很快就开始出现结构和渗漏问题。20世纪80年代时，主教教区对建筑师和建筑工人向法院提起了诉讼，最终达成庭外和解。造价800万英镑的翻新工作始于1992年，2003年按吉伯德设想的仪式性步骤终于得以实现。

公共建筑

"大象露西"最初是为了房地产销售而建造的建筑。汤姆·科沃德很欣赏它的"亲近感和别具一格"。

大象露西

地点：美国新泽西州马盖特市

开发商兼工程师：詹姆斯·V·拉费蒂

建筑师：威廉·弗利

项目年份：1881

推选人：汤姆·科沃德（AOC建筑师事务所）

"大象露西"是一项了不起的技术成就，无论是从材料还是结构上来看。不仅如此，因为在所处社区中的种种经历，她还显得尤为重要。

维多利亚时代的文化有其稀奇古怪的一面，现在的人们常常把它简单化，好让傻瓜都能看明白。其实那个时代的文化品位和我们现在一样复杂多变。"露西"就是极端例子中的一个。

了解"露西"的相关信息已是好多年前的事了。如今我在美国东海岸，为看个究竟，踏上了前往"露西"的短暂"朝圣"之旅。

"露西"是房地产开发商詹姆斯·拉费蒂了不起的概念，距今已有120多年。期间她的角色不断发生着变化，这种具有"异国情调"的外形也能在不同时期激发人们不同的想象。它之所以能一直延续到今天，部分原因是不同的人们都认为它有着广泛的用途。

建筑的外形非常具体，就是一头大象，但同时也很灵活，可以用它做任何喜欢的事情：慷慨的大象天性帮助它做到了这一点。对镇上的人们来说，只要它存在一天，就有想方设法挽救它的理由。

建筑带有明显的隐喻这一现象很普遍，但是很少有建筑师愿意老实承认这一点。即使他们自己没有注意到这些联系，人们也会展开联想，如伦敦的瑞士再保险大楼"小黄瓜"。对"露西"来说，她既是现代建筑的一部分，也与波普艺术息息相关。

拉费蒂和他的建筑师对待大象建筑如同对待其他建筑工程一样，我欣赏建造这座建筑所表现出来的勇气。建筑的原型是当地的一艘船，由造船师打造，最终的外形是逐渐加建的过程。

建筑的外部是锡，这是一种很适合的材料，可以绕着复杂的大象外形弯曲。据我了解，有120年历史的双曲率包层系统还真不多见。

"露西"在整个小镇的地位是举足轻重的。除了"露西"之外，镇上仅有的另一座大型建筑——水塔上面就张贴着"露西"的照片。这个安静的海边小镇距离大西洋城以南2英里，小镇上竟然出现这样的建筑，而且还位于标准的住宅区域内，真是不可思议。

游客们从"大象"的后面走近"象身"，来到"象腿"间，进入一个聚集空间。她靠一个铲斗输送物资，所以其实有五条"腿"。走进一条"象腿"，爬上空间狭窄的螺旋楼梯，穿过"臀部"，进入三层高的大厅。大厅就像一艘船，抬高的船首楼为舞台。在前面，可以进入有舷窗"眼睛"的储藏室。整个大象混合体很奇妙，手工绘制船结构内部，拥有标准的家庭元素，如门和窗户。"尾巴"下面甚至还安插了一个有暗示性的窗口！

从建筑的角度来说，这种组合非常有趣。它当然既不属于高技派建筑，也不是历史遗留下来的珍贵文物，而是具有原始品质的建筑。其重要之处似乎是熟悉性和特异性之间度的把握。这也是我们在工作中要做的尝试。

"露西"就是这样一件作品，她时时提醒我，建筑的传统不会逐渐消失，也不会亘古不变，而是会历经变化。当时时尚精彩的想法放在今天实际上早已成为老古董。

除了看"露西大象"之外，我此行的另一个目的是弗兰克·劳埃德·赖特的落水山庄。落水山庄是座充满爱、关怀和野心的建筑，但在我看来"大象"也是如此，尽管会出乎很多人的意料。

大象之家　"大象露西"于1881年由工程师兼土地投机商詹姆斯·拉费蒂建造，目的是吸引买家，促进大西洋城附近的房屋销售。随后她的服务范围逐渐扩展，做过私人住宅、小旅馆、酒馆、咖啡馆和博物馆。

"露西"属于维多利亚时代晚期的古怪建筑，高达6层（略低于20米），重约82吨，靠8560块拱门或肋拱支撑。外层大约覆盖1115平方米的锡板。"四条腿"内为楼梯，"象身"被分成很多房间，有多部楼梯通向顶部的"象轿"。

1882年，拉费蒂获得了一项建造动物造型建筑的专利。"露西"随之成为著名景点，是唯一保存至今的这类建筑。1970年，当地发起了拯救"大象露西"的行动，"露西"被转移到新地点。她是美国国家历史地标建筑中唯一以大象为造型的建筑。

肖恩·格里菲思在维
也纳的美国酒吧品尝鸡尾
酒。欧洲处于巨变之际，
这家小酒吧正是各种思想
观念汇集的场所。

美国酒吧

地点：奥地利维也纳

建筑师：阿道夫·卢斯

项目年份：1908

推选人：肖恩·格里菲思

美国酒吧的内部装饰令人惊叹。这是欧洲有史以来的第一家鸡尾酒酒吧，也是20世纪早期一件非常激进的设计作品，给当时即将分崩离析的古老欧洲帝国带来一丝颓废的新世界体验。

1997年，我第一次来到维也纳就被带到这家酒吧，它给我留下了深刻的印象。很明显，阿道夫·卢斯使用镜子的方式有非常出色的效果。镜子不仅创造出反射，让人走入房间时产生幻觉，而且还强调了空间本身无限的幻觉。我不清楚这是不是卢斯首次运用这样的设计，它引入了现代主义"空间"的概念，而不是房间，但依然保留着独立房间的品质。

选择这家酒吧最合理的理由之一是它的规模——这家酒吧很小。我们所处的时代往往认为建筑物要庞大宏伟，不然就不重要。但是这家小酒吧呈现的亮点颇多，哪怕所有的巨型建筑物加起来也远远不及它。

我喜欢它的另一个原因是酒吧这种形式——这是建筑师在职业生涯之初都可能会做的事情。因为他们会觉得自己正处于职业上升期，总有一天会设计出规模更大，自认为会更出色的作品。另一方面，酒吧也能明确地回避对建筑价值的讨论和无聊的说教，而后者正是现代主义令人讨厌的特征之一。

酒吧并不关乎社会进步，那只不过是借助建筑迫使世界变得更美好的一种感觉而已——它关乎亲密、社交和欢乐。与强调白色的现代主义相比，威士忌色调的内部装饰既有贵族气息，也有低俗之处，这无疑反映了人本来的性格。

在这家酒吧，还可以追溯过去100年里人们设计的很多东西。20世纪众多的艺术和建筑作品重新出现在这个狭小的空间内。

酒吧所处的时代和地点也很重要。巴黎通常被认为是欧洲现代主义的中心，但在1908年，哈布斯堡帝国解体前几年，维也纳是世界的文化中心。在建筑学上，它是帝国的最后堡垒——维也纳分离派运动的发源地，但它由于强调装饰而遭到卢斯的反对。与此同时，维也纳也是许多革新者的大本营，他们在许多不同领域向传统宣战，掀起了一场又一场的革命。这其中包括精神分析学派的创始人西格蒙德·弗洛伊德、主导20世纪古典音乐的十二音体系创始人阿诺尔德·勋伯格、哲学家路德维希·维特根斯坦和批判作家卡尔·克劳斯。后三位当然与卢斯有交情，你可以想象他们在这家酒吧围坐在一起喝酒的场面，甚至可以勾勒出一部精彩的小说。

酒吧与其他方面的联系也比比皆是。它有一种超现实的品质，看上去很大其实很小，既理性又感性，既属于现代主义又脱不开古典主义。镜子预测了弗洛伊德在1914年出版的关于自恋的文章，只不过多遭到了否定，因为主镜反映的不是人而是空间，空间的概念是虚无的。

在酒吧，抿上一口鸡尾酒，你会逐渐融入环境。放在立柱之间、护墙板下面的附属镜里，透过梦幻般的烟雾和谈话，你捕捉到自己反射的影像，瞥见狭小的酒吧内早已不是空无一人，而是人头攒动。只有从后面的座位向门口张望时，自恋的那一刻才浮现，因为你在门旁的镜子里瞥见了自己，脸上有一丝陶醉和放松。

弗洛伊德是超现实主义的重要影响者，卢斯想必也认识他们中的许多人。但我不知道马塞尔·杜尚是否在无意中闯入过此地？他是否会欣赏棋盘一样的地板，勾起自己对国际象棋的热爱？如果把杜尚的作品《大玻璃》（1915—1923）看作建筑，它可能就像这家酒吧。他会注意到门前的标志吗？这是倾斜的三维美国国旗，由玻璃碎片制成——一件看似随意的"拾得"艺术品。印象中在建筑上使用标志还是第一次。

国旗标志上的玻璃碎片不仅让人想起杜尚的《大玻璃》，还能回忆起杜尚的一位朋友——画家贾斯帕·约翰斯的蜡画彩旗。所以，概念主义和波普艺术在这家酒吧早有预示。

《大玻璃》的色情暗示在酒吧内部装饰上也有体现，这一概念高度影射了卢斯和杜尚的窥阴癖好。所以酒吧并不是明确的现代主义风格，但剥去外壳的本质，材料的质量和使用都先于现代主义。在这个酒吧里，卢斯的设计正处于从垂直方向向水平方向转变的当口，水平方向的设计正是现代主义的特征。但多柱式排列规律以及模仿万神庙的大理石格子平顶装饰，依然给人以古典式的空间感觉。密斯·凡·德·罗肯定来过这家酒吧，他的巴塞罗那展馆（见本书第80—81页）究竟在多大程度上受到卢斯的影响？有多少大大小小的建筑与这家酒吧有千丝万缕的联系？

但是我们不应该忘记这毕竟是一家酒吧，有低级滑稽的表演，还有音乐舞台，到处都是镜子、发光的桌子和感官材料。它用固定家具营造出亲密的狭小空间，这有点像跨越大西洋

的游轮。但布满镜子的大堂（包括天花板）也会让人想到伦敦Soho区脱衣舞俱乐部。

卢斯早几年去过美国，也喜欢美国，所以可以理解他设计这家酒吧的原因。他正处在欧洲帝国即将分崩离析，美国开始崛起的新时代。在美国文化的影响下，他回到维也纳，打造了一家美式鸡尾酒酒吧，星条旗挂在门口。

重新坐在酒吧，我意识到要体验这里梦幻般的氛围，喝上一杯酒就显得尤其重要。杯中物也应该被认为是酒吧整体环境的一部分，因为它和空间本身一样重要。

从酒吧向门外望去的视角。右边为吧台，上面为缟玛瑙墙壁。方格天花板的设计参考了万神庙的屋顶。

左上图：配有红木镶板和镜子的座位间，镜子给人一种空间变大的错觉。桌子有内置灯光。

右上图：酒吧的外部装饰，包括大理石廊柱和象征美国国旗的三维饰品。该酒吧是欧洲第一家鸡尾酒酒吧。

烟雾和镜子 维也纳中心的克恩顿大街的一栋建筑中有家小型鸡尾酒酒吧，由出生于摩拉维亚（注：现为捷克一地区）的建筑师阿道夫·卢斯（1870—1933）设计。

这家酒吧也被称为克恩顿酒吧，最近又叫做卢斯酒吧，是卢斯从美国回来后的早期作品之一，他在美国受到了路易斯·沙利文的芝加哥建筑的影响。当时卢斯反对维也纳分离派运动，谴责装饰就是罪恶。他后来的作品包括斯泰纳之家（1910）、维也纳的米夏莱普斯之家（1911）以及布拉格的穆勒别墅（1928）。酒吧的外观正面有四根长方形的斯基罗斯大理石柱，石柱上面有一突出标志，由镶嵌物打造而成。顾客进门得挑起厚重的皮革门帘，经过镶有镜子的小门厅，进入狭小的空间。

酒吧的长度只有5米，宽和高各3.5米，外包层为缟玛瑙和大理石，内部三面镶有红木面板和大面积镜子，镜子给人一种空间变大的错觉。酒吧较长的一侧有两个皮革长椅座位区域，中间是通往地下室的楼梯，楼梯陡峭。

托尼·弗里顿在斯德哥尔摩林地公墓，公墓的景观和建筑渗透着强大的象征意义。

斯德哥尔摩林地公墓

地点：瑞典安斯基德

建筑师：埃里克·冈纳·阿斯普朗德和希古德·莱维伦茨

项目年份：1915 —1940

推选人：托尼·弗里顿

大约15年前，我到斯德哥尔摩授课，第一次见到林地公墓。那是一个冬日，墓地布局有序，宁静肃穆，在雪地里显得格外美丽。日常生活中很少有这样的时刻，所见之处都发生着一些美好又不起眼的小事，最后都有机结合成一个整体。

公墓的力量来自于园林绿化，这是阿斯普朗德和莱维伦茨年轻时赢得设计比赛时形成的理念。阿斯普朗德为这个项目奋斗了整整25年，在探索现代主义的过程中，他的风格发生了变化。莱维伦茨被迫离开这个项目后设计出了其他优秀的建筑，比如位于克利潘的教堂。获胜项目设计于1914年，同年，高度抽象建筑诞生于法国和德国的现代运动。相比之下，这两位建筑师对传统元素的重新演绎以及对情感的理解就显得有些过时。

但是通往现代主义的道路并非仅有现代运动这一条。申克尔就从古典主义中找到一个词汇，可以解决现代工业化社会的功能问题和社会问题。在某种程度上，阿斯普朗德和莱维伦茨也做了同样的事情。

城市人口日益增长，死亡问题也日益突出，公墓面临着如何从功能和意义上处理这个问题。火葬是一个解决方案，莱维伦茨似乎是这方面的专家。要从功能上和表征上解决这种新型安葬方式，由他主持的园林绿化是主要手段。火葬场隐藏在地下，位于火葬场上面的礼拜堂则处于重要的位置。

尽管并未强求人们归属何种信仰，但景观的象征意义影响深远而巨大。瑞典早已承认国民信仰的多元化，所以在某种程度上讲，公墓甚至有异教徒倾向，例如，在圣十字礼拜堂前的浅水池和户外的灵柩台周围燃烧着的火盆以及它们身后山顶上弯曲的树木。

借助古代文学和建筑的微妙引用，在建筑和景观中，我们能感受到非常真实的诞生和重生的感觉。这种感觉在墓园的入口处得到了很好的体现。整个布局明显不对称，一侧为小山丘和墓地，另一侧是小礼拜堂，可通向圣十字礼拜堂的门廊。礼拜堂的规模可以举行国葬，玻璃墙为升降式，每逢举办葬礼便降低到底下，为门廊下的一大群人提供了空间。

与此相反，更远处的林地礼拜堂是一个为少数人在森林里举行低调仪式的场所，而重生教堂则提供了庄严朴素的古典氛围。

我在建筑联盟学院学习时，并未过多关注阿斯普朗德的作品。我反而关注的是塞德里克·普赖斯和汉斯·梅耶这样的建筑师，他们的作品中功能和形式几乎同时存在。他们认为现代建筑应该撤去传统意义，只需为用户的社交活动和建筑的理解提供条件。我欣赏他们的观点，同时也对灵活多变的建筑形式非常感兴趣，居住在此类建筑中的人们可能会毫无意识，也毫不怜惜，甚至会做出破坏性的举动。

与此同时，我也受到了艾伦·科尔克霍恩的影响，他的文章发表在查尔斯·詹克斯和乔治·贝尔德两人编辑的《建筑学意义》一书中。文中描述了勒·柯布西耶和伊阿尼斯·泽纳基斯试图从飞利浦馆的功能中严格推导出其形式，结果发现做不到，要做出孰先孰后的选择只能靠直觉和先例。在我设计里森画廊的过程中，分别运用极简主义艺术和概念艺术，理解了意义和用途的共存，使画廊的功能与形式终于完美地协调一致。

纯粹为了形式这个理由而建造建筑，对以前的我来说似乎讲不通，现在也依然如此。但我没有想到对年轻一代产生了影响，如马克·皮姆洛特和彼得·圣约翰，他们俩曾一起共事，也在我手下工作过一段时间。

我们上一代人受到勒·柯布西耶的影响比我们这一代人更深远，他们把柯布西耶看作一位形式和概念的大师。我们这一代人中，史密森夫妇俩是英勇的实践者，是精神领袖，而阿斯普朗德则是创造奇迹的源泉。但我固执地认为，他就像一位装饰师。相比而言，莱维伦茨对材质感的理解既敏锐又真实，对我而言更为可信，也更有影响力。

虽然我很欣赏阿斯普朗德的建筑风格，但不能说它影响了我。在他的作品中可看到现代与传统的相互作用，但在斯特拉文斯基、乔伊斯和毕加索身上有更强烈的体现。然而阿斯普朗德非常善于理解人类的经验，并可以在建筑中体现出来。如果说这件作品给了我什么启发的话，我想正是这一点。

只要我在斯德哥尔摩，我都会去重温林地公墓。要了解它的不同方面，不仅要多次去，还得在不同的季节去。

象征性景观　在1915年斯德哥尔摩的为新公墓举办的设计比赛中，埃里克·冈纳·阿斯普朗德和希古德·莱维伦茨联合拔得头筹，赢得了公墓的设计。阿斯普朗德一心扑在这个项目上长达25年，直到1940年去世。而莱维伦茨于1925年重生礼拜堂竣工后才离开这个项目。

墓园曾经是采石场，占地100公顷，后经精心打造，成为把松树林、草丘、墓地和礼拜堂融为一体的景观。游客们入园后，穿过令人印象深刻的火葬场游廊，可来到远处的追思小树林。1918至1920年间，阿斯普朗德在该墓地建造的第一座建筑为林地礼拜堂，这座朴素的礼拜堂将古典主义和瑞典的地方特色结合在一起。

1935至1940年间，阿斯普朗德主持设计了林地火葬场及其他三座礼拜堂，这三座礼拜堂分别命名为"信念""希望"和"圣十字架"，每座礼拜堂都有各自的前厅和庭院花园，以保护隐私和冥想。莱维伦茨则设计了简朴的重生礼拜堂。所有这些礼拜堂均可举行不同规模、不同形式的葬礼。

上图： 一系列礼拜堂通往宽大的门廊，门廊内可举行大型葬礼仪式，远处为追思小树林。

对面图： 从入口到礼拜堂之间墓穴排列成行，火葬场隐藏在地下。

上图：重生礼拜堂，由希古德·莱维伦茨设计，并于1925年竣工。

右图：1920年落成的林地礼拜堂由埃里克·冈纳·阿斯普朗德设计，是墓园中最小的礼拜堂。

M.J.朗重回阳光疗养院。她第一次参观此地还是在50多年前，当时这里因弃置而一片荒芜。

阳光疗养院

地点：荷兰希尔弗瑟姆

建筑师：杨·杜伊克和伯纳德·贝弗特

项目年份：1926—1931

推选人：M.J. 朗（朗-肯特建筑师事务所）

第一次参观阳光疗养院是在1964年，当时我在欧洲旅行，期间无意中发现了它。它对我是一种启示——淳朴简单，不像美国现代主义建筑那样都装上空调和吊顶。作为一个在美国长大的人，我从未见过这种现代建筑——凉爽、朴素、温和、极简、透明……有着明显社会规划痕迹，也与当时的流行文化息息相关。

杨·杜伊克（Jan Duiker）身处荷兰早期现代建筑思想最新潮、最具理想主义的时期，他的阳光疗养院就是在那个时期建造的，与其同时期的作品还包括阿姆斯特丹的商报影院和鹿特丹的范内里工厂。

疗养院的业主方是荷兰钻石工人联合会。他们一直向往打造一个勇敢的新世界，对建造这样一座有自己特色的现代疗养院很感兴趣。有了杜伊克，他们终于如愿以偿。

这不是一座布局宽松的建筑，所有的元素都紧挨在一起，受到严密的监控，所以感觉一切都像是在颤抖。

整个设计围绕着一个非常具体的要求：在抗生素还未开发之前，为肺结核病人恢复提供服务。杜伊克认为这是一项有服务期限的特别任务，因此他并没有寻找"理性"建筑的灵活性，而是从功能主义者的角度去设计，希望这座建筑不会到时失去使用的价值。

这就是疗养院后来被改建成总医院时遭受严重破坏的原因。整座建筑的重心就是对病人、游客、进来的食物、运出的垃圾、淋浴房和洗衣房的流动进行垂直和水平的分离。考虑到交叉感染的风险，其复杂又清晰的设计如同一张法庭示意图。

主楼最先建成，配有公共设施。然后是两个病房单元，病房内可以方便把轮椅病人推到阳台上，窗帘可以给床铺遮挡阳光。这两个病房单元像两只张开的翅膀，沐浴在早晨和下午的阳光下。

在结构工程师杨·格尔科·维本加的协助下，杜伊克和贝弗特挑战了结构极简主义的极限，尽可能收紧并削减每一寸混凝土，直到无任何多余。这份"编辑"工作简直令人难以置信，最终向我们呈现出紧凑的建筑，同时也感受到建筑师的勇气。

杜伊克想方设法地节约开支，用最低的成本创造出一种建筑语言。虽然是混凝土框架，但外墙为涂上灰泥的铁丝网，最外层是白色水泥，并不是当初设计的油漆。

病房由一个边长为3米的结构模块搭建而成。这是因为荷兰的建筑法规规定，如果结构板的跨度不超过3米，那么只需一周的时间就可以完成外形建造，否则得等上4周，这对项目进度有很大的影响。于是，3米立方体成了一个个病房单元。后来贝弗特还利用这种模块添加遮阳窗和旋转底座，复制出单间树林小屋，底座可像花朵一样随着太阳转动。

当初所有的建筑在构成和细节上都尽可能简单，包括主楼和不久后建造的两座住宅。但都体现了真正的建筑丰富性，因为建筑内外部的景观已经精心构成。并列的走廊、室内外的综合景观，这是一个不断发生着变化的构图，突出的环形装饰使整体呈现出丰富的雕塑感。

20世纪60年代，我看到阳光疗养院的时候，它因年久失修，境况不佳。之后大楼进行了大规模的修复。荷兰卫生当局当时很可能更倾向于推倒重建，但最终还是迈出勇敢的一步，决定对其进行修复，使它尽可能恢复到原来的模样。

从经济上讲，这种做法没有任何意义，因为这要比建造一座新大楼昂贵得多。即使完工后，其特殊的空间也很难找到用户。但这座建筑胜在自己的独特，所以值得花这笔钱。

修复是一项艰巨的工作，所以比尔曼·亨吉特和维塞尔·德·约格都格外小心翼翼。建筑师对于每一个细节都必须做出决定，是要恢复初始状态还是恢复原有的建筑原则。例如，当时杜伊克在主楼里安装了25毫米厚的钢窗，但是五年后他在建造德雷斯顿会堂时，钢窗的厚度达到40毫米。建筑修复师们认为，他们可以将主楼的钢窗厚度增加到大约30毫米，以便在需要的地方安装双层玻璃。为减少冷桥现象，他们还在灰泥墙后面安装高规格绝缘条。在窗台的细节设计中引入冷凝排水路线。为安装供暖系统，地板被抬高。

最初，大楼的窗户使用的是拉制玻璃。如今浮法玻璃可能会更合杜伊克的意，因为清晰度更高，但拉制玻璃更能代表原貌。

亨吉特和德·约格发现最初大批量生产的组件现在几乎已绝迹，所以窗户把手是复制品。此外，尽管原来的蒸汽管道在整个大楼水供暖系统中并不是十分高效，但它的外观还是被保留了下来。

很多年过去了，我又回到这里，很好奇曾经的魔力是否会在修复后消失不见。当初看到在荒芜中被弃置的大楼，心里涌起一阵感伤。如今破败的悲剧已经过去，虽然原始古朴的风貌过于明显，但依旧有动人的新鲜感和轻盈感。

随之保存下来的还有一种想法，即建筑不是关于风格的陈述，而是理想社会规划的一部分。这座建筑使此想法得以延续。想当年（1964）我绝对预料不到50年后这栋建筑依旧存在，而且还继续使用——但它的确做到了，真高兴与它再次重逢。

疗养院主楼。这座建筑虽然在构造和细节上很简单，但却非常注重室内外的景观，力求达到景观视线的最大化。

康复型建筑　阳光疗养院建于1928至1931年间，是结核病患者康复中心，由建筑师杨·杜伊克（1890—1935）和伯纳德·贝弗特（1889—1979）联合结构工程师杨·格尔科·维本加（1886—1974）共同设计。

　　整座疗养院的中心为一幢大楼，包括行政中心及公共设施。两侧是直线排列的病房。另外还有一幢十二边形的护工宿舍楼，再加上若干工作间和小木屋。作为康复治疗的一部分，病人被鼓励多干活，即使卧床休养仍要编织篮子，情况好转后去工作间干活，或进行日常的设备保养维修等工作。

　　不出所料，几十年的时间内新医疗法的出现使建筑变得多余。1957年，这里改为综合医院，之后就因年久失修而破败不堪。主楼的修复工作在2001至2003年间进行。该建筑群现在是一家多功能康复中心，而护工宿舍楼则成为历史建筑租赁机构办公室。1995年，疗养院被联合国教科文组织提名列入世界遗产名录。

比例紧凑的楼梯通往主楼屋顶平台，主楼已经得到修复。疗养院群楼的部分仍有待修复，找到新用途。

哥德堡法院

地点：瑞典哥德堡
建筑师：埃里克·冈纳·阿斯普朗德
项目年份：1937
推选人：蒂姆·罗纳德（蒂姆·罗纳德建筑师事务所）

蒂姆·罗纳德欣赏哥德堡法院扩建楼宁静而温暖的特质，这座建筑是他灵感的源泉。

阿斯普朗德的哥德堡法院向大家证明，对建筑师来说，只要努力付出，必定会有回报。现代建筑在思想表达中往往显得很肤浅，但是一旦你看到类似法院这样的建筑后，就会了解建筑所能达到的最高层次。

阿斯普朗德在这个项目上投入长达24年的光阴。通过一系列的设计，我们可以追溯到他历经的几个阶段，从早期的民族浪漫主义到古典主义，再到后来现代主义的繁荣期。

当初，1925年的设计和实际建造的图纸之间有着惊人的区别，你会以为时间差距达一个世纪，而不是10年。甚至在项目开建时，阿斯普朗德仍然在改动前立面的设计。我的同事们说，这就是我如此喜欢他的真正原因——我也一直对我们设计的建筑做不断的修改。

当我还在剑桥上学时，导师们提起过他，然而我对那些模糊的黑白建筑照片却不以为然。1988年，我读到彼得·布伦德尔·琼斯写的有关阿斯普朗德的一篇文章，文章很棒，里面有马丁·查尔斯的彩色照片做插图。这些建筑都充满阳光和活力，而不是强调黑白的北欧民族主义风格。当时几乎所有人都成了后现代主义者，朝着保守、专制的态度倒退。而在阿斯普朗德身上我们看到了榜样，现代建筑可以为人道乐观的社会贡献一己之力。

几十年过去了，这座建筑依然屹立在那里。我之所以选择它，不仅仅是因为它内部的美丽装饰，还因为它所体现的精神，以及建筑呈现出现代与古典、20世纪和19世纪之间的强烈对比。旧法院大楼是一座古典建筑，有圆柱和山墙，代表了法律的力量。游客们在进入那一刹那会感到自己的渺小。他们向右转后，

进入扩建楼。眼前是一座与前面完全不同的建筑，一座为人道的司法审判设置场景的建筑。

旧法院大楼内，会让人感觉自己难逃法律的惩罚而锒铛入狱；但在新大楼，会让人重燃得到公正审判的希望。大楼气氛庄严但并不吓人，它不仅代表了建筑上的时代新精神，也体现了整个社会的新风气。

阿斯普朗德设计了大楼的每一个元素：家具、漂亮的灯、透明的洗涤池。很少有建筑师能拥有如此强的设计控制权（或者能够做到这一点的天赋）。同样，整体建筑能如此完整一致也不多见。

法院扩建区的外表并不是它最好的部分，当然也无法传达内部设计的高质量。我喜欢沿着长长的、柔和的楼梯向上走。人走在楼梯上，带着平静和尊严来到二楼的法庭。想象一下法院的气氛，被告、被告家庭、证人、律师，每个人的神经都紧绷着。但一进入法庭，就感受到了温暖。这种温暖来自木材，屋顶照射下来的灯光以及内庭院玻璃立面的反射光。内庭把新旧大楼区分开来。

大楼内部有些欢乐的元素，纯粹就是用来振奋精神的。楼梯上直角转弯处的梯级设计得很棒，有点像跳水板。楼梯表面处理流畅，看起来如池中水向下流动。附在楼梯上的大钟像一轮太阳，边缘有一个个的小灯泡。阿斯普朗德喜欢在建筑中采用弯曲和非垂直的形式，还总是设法去除建筑物坚硬的边缘。

一间间法庭就像女性的子宫，弧形的木墙创造出审判"剧场"的场景。被告背对着公众，坐在大众陪审员和法官面前。法官的座椅为皮革椅背，以示区分。法庭上的灯光简直太

棒了，就像能迅速关闭叶片的捕蝇草一样。因为特有的国家纹章和象征符号，这里的气氛与传统的英国法院截然不同。

　　我总是反复观看一些建筑师的作品来寻找灵感，阿斯普朗德就是其中一位。我并非要直接复制他们的想法或形式，而是为了给我的抱负注入活力。到了这里我才很惊讶地意识到，之前为肯特大学设计的音乐大楼，其中某些元素明显起源于这座建筑。装上百叶窗的屋顶长玻璃，阳光照射的木板墙——这些图像深深印在我的脑海里，多年以后再次浮现。

　　对阿斯普朗德的为人我知之甚少，但他的工作方式非常激励人。他有着非凡的创造力，能在设计中不断考虑实际运用方式。建筑物的各个方面都经过创新研究和反复推敲。阿斯普朗德与别人的不同之处在于，他是从人的角度去接触事物，让建筑为人类上演的"剧目"搭建舞台。

　　我们总是花费大量时间去思考人们穿过建筑物、体验建筑物的过程——这更关乎建筑给人的感觉，而与它们的外表无关。哥德堡法院大楼吸引我的是它平静沉稳的特质。木材的运用使这座建筑充满了温暖，这也是我在工作中不断思考的问题。像阿斯普朗德一样，我们也会就一个想法耗费多时。例如在哈克尼帝国剧院修复项目中，光立面的设计版本就达到40个之多，最后才想到使用大型字母。

　　如今，在法院四处走动，我发现阿斯普朗德处理的问题其实与我们每天面对的完全相同：上至基本的平面图，难度较大的立视图，下至门把手的细节，都有很流畅的连续性，而他只是做得更好。

上图： 主楼梯通往二楼宽敞的循环空间及等待区，还可到达各个法庭。

对页图： 法院的中庭。光线充足，空间通风良好，为人道而非专制的司法体系奠定了基础。

法庭扩建楼庭院立面，大面
积的玻璃确保了充足的自然光。

高高在上的法院　埃里克·冈纳·阿斯普朗德被公认为20世纪瑞典的主要建筑师，哥德堡法院的扩建楼是他最后一项重要作品。在1913年的法院设计竞赛中他拔得头筹，在接下来的20年里他多次修改设计。1913年，他的设计方案是对17世纪的原始建筑进行彻底改造，并用当时流行的民族浪漫主义风格重新装饰外立面。接着各种新古典主义的修改方案紧随其后，直到1925年项目被搁置才停止争议。9年后项目重新开工，市政当局要求阿斯普朗德保留原建筑方形主立面的风格，但最终还是接受了他的现代主义。

在最终的钢框架设计中，阿斯普朗德在新旧建筑物之间打造了一个庭院，玻璃墙为扩建楼的内部立面。

如今哥德堡法院新大楼已落成，阿斯普朗德设计的大楼则静静地站立着，等待自己的新用途。

阿斯普朗德设计的法院是一幢早期建筑（左）的扩建楼（右），可通过原大楼的入口和庭院进入。

威廉·曼恩（左）和史蒂芬·威瑟福德（右）在乌特勒支市政大厅外。新翼楼右边包括"废墟堆"，建材来源为原旧建筑的残垣。

乌特勒支市政厅

地点：荷兰乌特勒支

建筑师：恩瑞克·米拉莱斯-贝纳戴塔·塔利亚布艾（EMBT建筑事务所）

项目年份：2000

推选人：史蒂芬·威瑟福德和威廉·曼恩（威瑟福德-沃特森-曼恩建筑师事务所）

史蒂芬·威瑟福德

我们第一次参观乌特勒支市政厅是出于探索的目的，而不是预期的安排——成立事务所后不久我们便参加了一项市政厅设计竞赛，为此得开展相关的研究。这座市政厅并不广为人知，然而我们见到后着实大吃一惊，对其现有空间的灵活改造印象颇深，同时也对联系过去，更新现有机构单位的改造方式深受启发。

市政厅位于乌德格拉赫特运河的拐弯处，靠近被毁的哥特式大教堂，是一处房屋组合。虽然城市在发展，但市政委员会做出了有远见的决定，让市政厅变得更小、更具私密性，将一些服务转移到行政中心，原处只保留象征性功能。我们很高兴看到市政厅原本的开放精神仍然存在：亲密的谈话声、友好的气氛，其中一些就是通过建筑体现出来的。

米拉莱斯-塔利亚布艾建筑事务所的项目重新规划了房屋的布局，房屋的横墙和花园绕着运河的一处拐角而建，呈现弧形，使得这个机构建筑既有亲密度又呈现多孔性。市政厅的入口被移到离运河较远处，20世纪30年代的翼楼被拆除，同时广场延伸至大楼中心。房屋向外伸展，砖和石头搭建出来的台阶有种轻松的气氛。这种随意的方式让入口看起来就像一扇后门，效果绝非一般意义上的好。

新翼楼紧靠着新入口，与"废墟堆"并排而立，"废墟堆"用的正是20世纪30年代建筑拆下来的材料。较低的楼层中，翼楼作为独立结构与主楼分离，但是新大楼把它上面几层合并在一起。其他建筑师可能会把旧翼楼看作仅是建筑废墟，但是米拉莱斯从不允许自己只是从景观的层面上去对待它。

这种布局的想法尤其体现在通往办公室的楼梯上，显示出建筑师在处理已有建筑上的非凡创意、多才多艺和坚持不懈。由于楼梯要跨越整个布局，所以被贯穿的墙体悬在半空，突出在外，非常醒目。楼梯面交替出现木头、钢铁和混凝土三种材料。

委员会会议厅既有公共建筑的规模，也有居家住宅的元素：它将上下两层四个房间打通，合并成单一的体块。两层中间的地板梁悬挂在半空，在原来间隔墙的地方被两根巨型钢架吊起。所以这个小型"剧场"既有规模和开放性，也有亲密度。

内部的陈设非常奇特也很私密，符合大楼的主题。比如在小巧的婚礼登记室里就表现出这种风格。房间中的座位是各种典型的荷兰家用椅子，灯光故意不协调，进门时还有一张家用梳妆台。房间的设计者是艺术家尤尔根·贝，他借用来自城市博物馆的物品，给人历史纵深感，但这种风格在普通人家里也很普遍。入口中世纪大厅为全尺寸大开间，用于打造公共纪念墙，墙上挂满了普通市民和知名人士的照片和画像。

市政厅的重新设计抹去了机构单位原来的模样。它拒绝成为走廊和空间都平淡无奇的幽闭环境，而是一个从各个角度和方向都有充足自然光的公共宽敞空间。因为这是一张集合了结构、家具、外立面和艺术品等方面的"拼贴画"，绝不像普通的机构大楼那样让人疲惫不堪，反而是个快乐的工作场所。

这是一座相当具有挑战性的建筑，承载着过多的想法。但这种永不停息的探索精神也许就是我们看来它依旧充满活力的原因。我们工作中也经常面对公共空间、历史深度、集体生活等问题，但很少有项目以应有的严肃和自信来解决这些问题。乌特勒支市政厅绝对是其中之一。

威廉·曼恩

在《城市的建筑》一书中，罗西写道，房屋废墟使人伤感，能引起"命运坎坷之人的共鸣……他会经常感到悲伤，难以融入集体"。

在乌特勒支市政厅，米拉莱斯-塔利亚布艾事务所的设计运用了房屋和废墟的想法，打开了封闭的公共建筑。但是这里废墟的本质是愉快又有趣的，因为这根本不是一座悲伤的建筑，在每个角落都能感觉到生活的智慧。

这个项目不能被称为"修复"，称之为"创造性的摧毁"更贴切。19世纪的市政厅外层为古典主义风格，而它的庭院被20世纪30年代建造的大楼封闭了。米拉莱斯-塔利亚布艾建筑事务所采用了原始封闭的布局，保持外观不变，他们把整座建筑"撕开"，拆除了大楼的大部分空间，切入古典风格的外包层，把大楼中心的庄严但不对称的中世纪大厅"切割"出来。很多空间都在建筑内部和外层之间产生张力。

米拉莱斯在接受采访时谈到了对过去的追溯以及对时间的看法："不是在身后（拥有过去），而应在眼前。"我认为他的意思是过去不应该被埋葬，而要通过拆分或是擦去外表的灰尘，让人感觉到或看到已有表象下面的时间

深度。我想我们可以学习这种态度，当然胆小怯懦的人就免了。

开放的装饰（或称为"废墟堆"）从规划之初到细节实施贯穿整个项目。通过拆除20世纪30年代的大楼，该规划将原先封闭的O形建筑排列变成一个开放的L形——"头"为会议室和中世纪大厅，"弯曲的长尾巴"为办公室。诸多细节反映了这一观点，T形的横梁，凿开的石膏条露出了砖块，门垫像是门口射灯投射下来的光柱——所有的一切都不是独立存在的，看上去既不完整也不完美，相互交错在一起。

为了整体的和谐，设计的创新力量被削弱。设计这幢大楼需要特殊的视觉表现力和建造智慧，规划和细节之间没有直接的关联，彼此之间联系灵活多变。为了适应各种实际情况，总体规划必须修改，甚至还要变化，与此同时，还得保持规划的连贯性。最终，该项目还是实现了这个难以捉摸的目标，让人心服口服，因为规划和细节都涉及到同样的事情——开放、废墟、家居规模、朴素。建筑师对这幢大楼怀着深厚的情感，每一个角落都被考虑到。扪心自问，我们当中有多少人能这么对待自己的工作？

这是建筑师和客户共同达成的愿景中的一部分，让地方上的民主变得个人化。他们称之为"民主之家"。

随着地中海式的文明逐渐在荷兰建立，某种程度上该建筑融合了这个国家最好的一面——活跃开放的民主。在这个古老的荷兰城市中，EMBT事务所缓慢又丰沛的情感表达与这个复杂的房屋组合非常契合。国外建筑师（注：EMBT为西班牙建筑事务所）引起国内文化间交流的例子相对少见，这是其中一个。

重振市政厅 1997年，恩瑞克·米拉莱斯受委托修复乌特勒支市政厅。市政厅由10间连在一起的中世纪房屋和大厅组成，外立面为统一的19世纪新古典样式，后在20世纪30年代又进行了扩建。为了让市政厅更开放和吸引人，米拉莱斯采取了一些干预措施，让老建筑在内部视线更加清晰，同时改变大楼朝向。

后方的注册中心扩建楼被拆除，改建为新入口。公务员的新设施区建造在"废墟堆"后面，"废墟堆"由拆除下来的建筑材料打造。主大厅为一座中世纪房子，保留在整座建筑的中心。会议厅进行了重新设计，成为一个8米高的空间，从市长办公室可看到这个会议室。米拉莱斯还设计了大部分的家具、照明设备以及广场水景。

2000年，米拉莱斯没等到大楼竣工就不幸去世。

上图： 新入口门厅包含一个中世纪的大厅，大厅内有一面公共纪念墙，墙上挂满了各种肖像。

对页图： 从扩建楼往上看的视角。EMBT建筑师事务所创造出"愉快又有趣"的干预，与建筑的复杂历史相协调。

阿历克斯·莫瓦特在
圣卡特纳市场前。该市场
在外形上保留了原貌，新
屋顶为波浪状。

圣卡特纳市场

地点：西班牙巴塞罗那

建筑师：恩瑞克·米拉莱斯-贝纳戴塔·塔利亚布艾（EMBT事务所）

项目年份：1997—2005

推选人：阿历克斯·莫瓦特（莫瓦特设计公司）

我第一次逛巴塞罗那的圣卡特纳市场纯属偶然。当时这一地区正在进行大规模的翻新工作，我通过广告牌间的空隙向内张望，看到翻新工作已接近尾声。周围没有人，所以我轻易就溜了进去，探访了这座曾在杂志上看到的建筑。

市场的原址曾是教会建筑，整座结构为新古典建筑，由屋顶和四周的外墙构成，飞架在墙上的新屋顶精巧别致。EMBT事务所在翻新中利用了原建筑中优雅的一面，保留了原外观和中心入口，同时用另一只神奇的手"绘"出了新元素。

新屋顶的工程结构非常出色，呈现出三个重要方位。

第一个方位是由彩色六角形瓷砖铺成的屋顶。EMBT学会了西班牙传统的陶瓷，但使用的范围更大，并且模式也不重复。这就像一块神奇的地毯"飘"在市场的上方。市场周围的每一间公寓都能看到像素化的巨型水果和蔬菜图案，包括两只大西红柿和一个大茄子。这种图像既出乎意料又非凡出众，回馈给了城市无限的生机。

第二个方位是从街道看过去的视角。建筑保留了原来的护栏，新结构在顶部蜿蜒起伏。屋顶时而得到旧墙内侧的支撑，时而又由外侧一系列树状柱扶持，这些立柱扭曲缠绕在一起，看起来好像并不属于这座城市。

屋顶的结构形状没有重复，像是手工打造，非常有个性，也不属于高技派。如果仅仅从一个角度去看，所有的结构都无法全部展示，而且也无法让人确定屋顶的支撑物。光凭其外形，就可以成为市场的一个明显标志，根

本不需要竖立任何广告牌。

观察屋顶的第三个视角是从市场内部看上去。屋顶的木质底面与顶面活泼生动的陶瓷毫不相关，看起来是折叠的，褶皱之间洒下一缕缕阳光。

从视觉上和听觉上来说，木制底面呈现出质感和柔软度，与典型的西班牙市场截然不同，后者采用油漆铁制结构，更坚硬，形式上也更正式。这些木材一部分是新的，还有一部分就是从以前建筑中拆下来的大根旧橡木。奇怪的是，这些橡木的一端以传统的方式承载着砖石，另一端竟然是悬空的。

从高处往下看，不同材料的组合继续得到细化。这并不属于珍贵建筑，所以设计中使用裸露的砌砖和未涂漆的木材，其目的就是为了经久耐用，而不是磨损消耗。

新古典样式的白墙与人行道相交处，底灰泥被抹掉，露出砖墙。裸露的砖墙任凭汽车或道路清扫车经过或是雨水的冲刷，都不受影响。可没有人会愿意在这里无聊地冲洗石头。

每个立面的材质感都有细微的差别。当周围的街道变得狭窄时，外墙也会相应变得粗糙些。

南墙很奇特，造型设计很特别：粗糙的石头表面铺上光滑的大理石面板，面板类似于从旧水槽凿下来的废料。饮水器嵌入墙内，为口渴的过路人提供水源，使整面墙充满了动感。

这个项目给我的启发不仅体现在对新旧材料、材料质地和形式的整合，而且在于对不同用途的有机融合——包括提供社会保障性住房，为老年人在市场周围和城市的中心地带提供住所。市场的位置非常切合老年人的实际住

房需求，不同于传统的英国郊区模式。

它还开创性地整合了相关的技术，把市场功能和居民生活结合在一起。摊主们安装了数字化订购系统，地下有机垃圾处理厂面向周边社区，市场墙上的小开口连接着垃圾槽。

圣卡特纳市场把零售和其他功能相结合，使之如城镇一样具有多功能，这种做法对我也很有启发。在英国，无论是有屋顶的市场还是优雅的拱廊，这些传统建筑都消失已久，我们甚至都意识不到这类建筑曾经存在过。

圣卡特纳市场是人口密集的城市社区中心。建筑师在设计中干预了城市规划，通过翻新创造出两个公共新空间，为该地区的生活带来了便利。这两个空间都不同于巴塞罗那的普通街道布局，位于北面的空间地势平坦，显得很正式，为城市中常见的空间设计；从原市场分割出的另一个空间在东南角，比前一块要小得多，也更随意，更不对称。陡峭的拱梁搭建在考古遗址上方，进一步强调了这种非正式性。

市场内部空间依然具有明显的特征——公共性，尽管要达到这个目的并不容易。它与皇家节日大厅一样，具有宽敞通透的室内空间。市场内没有任何刻板的使用要求，只需随意走动，在各个摊位之间穿梭。

虽然市场的屋顶很特别，使用的材料也只适合特定的地点，但我认为在这个项目看到的不应该只是花哨的加泰罗尼亚色彩。这种设计方法在其他地方也完全行得通。

圣卡特纳市场既体现了高度的文明，也彰显了城市的特征，它平衡了许多要优先解决的事项：商业、老年住房、垃圾处理，还有考

古遗迹。新旧建筑之间的搭配默契；设计简单，符合逻辑，和特别元素之间的融合恰到好处；多功能的用途；传统的零售和新技术的结合——这些都值得我们在打造城市过程中学习运用。

五年之后我重游市场。经过了几年的磨合，眼前的市场显得更轻松随意，好像人们学会了使用，也懂得了爱护。它强调了平等——每个人都可以拥有，是家门口的一座漂亮建筑。

我了解到贝纳戴塔·塔利亚布艾就居住在当地，经常去市场购物。能与住在周围的人同处自己设计的空间，他们也喜欢这样的空间，这对任何建筑师来说都是一种巨大的回馈：既实现了自己的抱负，也激发了别人的灵感。

扭曲的树状柱支撑着新的屋顶结构。在整个市场改建项目中，除市场翻新外还包括附近老年人的新住宅建设。

市场内部，新屋顶的木材底面与色彩鲜艳的屋顶相比显得很柔和，屋顶图案类似像素化的蔬菜水果。

市场翻新　圣卡特纳市场位于巴塞罗那历史悠久的地区，建造年份可追溯到1844至1848年之间。1997年，EMBT事务所接手这个改建项目时，市场已不符合现代生活的需求，亟待改建。项目书中不仅要求重建市场，还包括建造社会住宅、一家小型博物馆和一个地下停车场。

该计划还包括建造一家垃圾处理中心，打造两个小型公共空间。由于项目进度的延期，所以尽管该设计早于苏格兰议会，但完工的时间却迟于后者——甚至拖到了米拉莱斯逝世后。造成项目延期的原因是在建造过程中发现了一系列的考古遗迹，其中包括13世纪多米尼加哥特式修道院遗迹，以及罗马墓地废墟。

EMBT的设计仅保留了市场的外观，并引进了波浪形的屋顶，屋顶由缠绕的钢柱群支撑，上面铺设了32.5万块瓷砖。

图片说明和感谢

帕米拉·巴克斯顿是建筑与设计专栏的自由撰稿人。她为多家专业杂志撰稿，包括《建筑设计》《英国皇家建筑师学会期刊》《蓝图》《大设计》。

加雷斯·加德纳为伦敦建筑摄影师兼作家。他为多家英国主要建筑及室内装饰事务所拍摄照片，也经营自己的项目。www.garethgardner.com.

爱德华·泰勒为职业摄影师，专业拍摄人物和建筑。他曾在国家肖像展览馆举办过摄影展，有两个不喜欢拍照的儿子。

www.edtyler.com

此书把有关20世纪建筑的文章收集成册，这些文章首次发表在建筑报纸《建筑设计》的"灵感"系列栏目中，2009至2014年期间该报纸为印刷版，之后为网络版。在此我们特别感谢《建筑设计》原任编辑阿曼达·贝利厄（他是这个系列栏目的发起者）、艾利斯·伍德曼，现任编辑托马斯·莱恩以及《建筑设计》出版商"UBM建筑环境"。

这些文章的发表多亏建筑师的积极参与，当《建筑设计》带他们重回他们选择的灵感之地，他们不仅抽出宝贵的时间，还慷慨地与人分享他们的想法。本栏目系列中共有两位主要摄影师，他们分别是加雷斯·加德纳和爱德华·泰勒，与我们同行的正是他们中的一位，本书中的照片（个别除外）均由他们负责，他们的照片令人思绪万千。

我们还要感谢以下所有建筑的归属方，使我们得以参观，也要感谢促成参观的工作人员以及"灵感"系列栏目。以下列表中如有不慎遗漏则万分抱歉：

工作场所：关税同盟基金会；《经济学人》集团；法国共产党总部；斯伦贝谢剑桥研究中心；欧科照明技术中心。

教育类建筑：格拉斯哥艺术学院；克莱恩布鲁克艺术学院；莱斯特大学工程学院；三一学院伯克利图书馆；牛津大学圣凯瑟琳学院；圣约翰学院克里普斯大楼；波尔图大学建筑学院；海勒鲁普学校。

文化建筑：巴塞罗那展馆；密斯·凡·德·罗基金会；博伊曼斯·范·伯宁恩博物馆；老城堡博物馆；利物浦剧场扩建楼；东安格利亚大学塞恩斯伯里视觉艺术中心；康索现代艺术中心；东京宫。

私人住宅：国家信托；卡普博物馆；克瑞菲尔德艺术博物馆；意大利名胜古迹私人保护组织；路易·卡雷别墅；女巫屋；玻璃屋。

房地产开发项目："陶特之家"（www.tautes-heim.de）；伦敦市法团；拜客社区信托基金。

宗教场所：奥托·瓦格纳医院；格伦特维教堂；山顶圣母礼拜堂；利物浦基督君王大都会大教堂。

公共建筑：拯救"露西"委员会；美国酒吧；斯德哥尔摩林地公墓；阳光疗养院；瑞典Higab建筑公司；乌特勒支市政厅；EMBT建筑师事务所；圣卡特纳市场。

加雷斯·加德纳

封面照片

建筑师：第8页 加妮·阿什；乔纳森·艾利斯—米勒；亚历克斯·伊利；托尼·弗里顿；第9页 汤姆·格里夫和哈纳·洛夫特斯；格雷厄姆·霍沃斯；爱德华·琼斯；第10页 阿历克斯·莫瓦特；埃里克·派瑞；格雷格·佩诺伊；RCKa；蒂姆·罗纳德；第11页 迈克尔·斯奎尔；玛丽—何塞·范·希；乔纳森·伍尔夫。

工作场所：12—13页；14—19页；20—23页；24—29页；40—43页。

教育类建筑：76—69页。

文化建筑：78—79页；102—105页。

私人住宅：108—113页；116—119页；128—133页。

房地产开发项目：140—143页；144—149页。

宗教场所：186—191页。

公共建筑：212—217页；222—227页；232—235页。

爱德华·泰勒

建筑师：第8页 大卫·阿彻尔；彼得·巴伯；拉波·贝尼特和丹尼斯·贝尼特夫妇；迈克尔·科恩；泰德·库里南；比巴·道和阿伦·琼斯；莎拉·费瑟斯通；第9页 埃德加·冈萨雷斯；皮尔斯·高夫；肖恩·格里菲思；罗杰·霍金斯和拉塞尔·布朗；斯蒂芬·霍德尔；亚当·可汗；大卫·科恩；朱利安·刘易斯；第10页M.J.朗；杰拉德·麦克康诺；尼尔·麦克劳林；保罗·莫纳汉；彼得·圣约翰；多米尼克·库里南和乔恩·巴克；岛崎雄如；詹姆斯·索恩；第11页 大卫-伊戈科特设计工作室；汉斯·范德·海登；保罗·威廉姆斯；斯蒂芬·威瑟福德和威廉·曼恩；克莱尔·赖特。

工作场所：4—5页；30—35页；46—51页；44—45页。

教育类建筑：44—45页；54—57页；58—61页；62—65页；66—69页；70—73页；74—77页。

文化建筑：82—85页；86—91页；92—93页；94—97页；98—100页。

私人住宅：106—107页；122—125页；134—137页。

房地产开发项目：150—153页；154—157页；158—161页；162—165页；138—139页；166—169页；170—175页；176—179页。

宗教场所：180—185页；192—197页；200—203页。

公共建筑：204—205页；208—211页；218—221页；228—231页。

瓦莱丽·贝尼特：第8页 汤姆·科沃德。

曼纽尔·博格特/ADAGP，巴黎2015：第114—115页。

詹姆斯·卡梅隆：第10页 基思·威廉姆斯。

约翰·伊斯特：120页；198—199页。

劳拉·埃文斯：第10页 帕特里克·林奇。

本尼迪克特·约翰逊：第10页 理查德·罗杰斯。

奥尔森工作室：第52页。

拯救"露西"委员会：第206页。

佩莫·塞古拉-密斯·凡·德·罗基金会：第80—81页。

阿米莉亚·斯坦恩：第10页 约翰·图米。

索引